U0561288

38种非常情况生存手册

[美] 乔舒亚·皮文　[美] 戴维·博根尼奇　著
易长风　译

北方文艺出版社
哈尔滨

黑版贸登字　08-2024-036号
The Worst-Case Scenario Survival Handbook: Apocalypse
by Joshua Piven and David Borgenicht

First published in English by Quirk Books, Philadelphia, Pennsylvania.
This edition arranged with QUIRK BOOKS
through Big Apple Agency, Inc., Labuan, Malaysia.

图书在版编目（CIP）数据

38种非常情况生存手册 / (美) 乔舒亚·皮文, (美) 戴维·博根尼奇著 ; 易长风译. -- 哈尔滨 : 北方文艺出版社, 2025. 5. -- ISBN 978-7-5317-6547-9

Ⅰ. B848.2-62

中国国家版本馆CIP数据核字第2025N8A509号

38种非常情况生存手册
38ZHONG FEICHANG QINGKUANG SHENGCUN SHOUCE

作　者 / [美] 乔舒亚·皮文　[美] 戴维·博根尼奇
译　者 / 易长风

责任编辑 / 赵　芳
封面设计 / Paige Graff

出版发行 / 北方文艺出版社
发行电话 / （0451）86825533
地　址 / 哈尔滨市南岗区宣庆小区1号楼
邮　编 / 150008
经　销 / 新华书店
网　址 / www.bfwy.com

印　刷 / 河北鑫汇壹印刷有限公司
字　数 / 100千
版　次 / 2025年5月第1版
开　本 / 787mm × 1092mm　1/32
印　张 / 7.75
印　次 / 2025年5月第1次

书　号 / 978-7-5317-6547-9
定　价 / 59.00元

警告

身陷险境或危难之时，应对之法往往难觅万全。万一不幸遭遇本书介绍的极端情形，我们强烈建议，乃至坚决要求您，向受过专业培训的专家寻求建议，万不可轻易自行尝试本书介绍的做法。然而，遭遇险情时，往往不能及时找到训练有素的专业人士获得帮助，因此我们邀请了不同领域的专家介绍他们在紧急情况下可能用到的应对技巧。对于因正确或不正确使用本书所含信息而可能造成的任何伤害，出版商、作者以及专家均不承担任何责任。本书中的所有信息都直接来源于相关领域专家身边的素材，但我们并不能保证书中的信息是完整、安全和准确的，读者也不应受其干扰，甚至不顾及生活常识，失去判断力。最后，本书中的任何内容都不应理解或解释为可以侵犯他人权利或违反刑法；相反，我们敦促您遵守法律，尊重他人包括财产所有权在内的所有权利——即使到了危急关头。

目录

劫后余生

危险的生物

前言

就历史轨迹而言，纵然是再伟大的文明，也终究逃不过消亡的问题，这是它们共同的宿命。

目前，人类的生存环境不断恶化，我们正处于人类文明的一个重要阶段，谨慎起见，我们应当警醒起来，关注当下，并为可能的坏情况早做准备。

这是我的专业领域。我曾在英国军队服役21年，担任作战工程师和山地领队。服役期间，我周游各方，亲临各种险境，直面森森敌意，从危机重重中脱困。退役后，我受驻扎在落基山脉的加拿大军队之聘担任文职教官，教授平民山地生存和旅行技能。我还曾在一个非政府组织教习短期的“重要基础设施保护”课程，利用我在军队接受的训练，传授如何在盗窃事件或恐怖袭击中保护道路、管道以及其他主要设施等关键资产。现在，我是一名野外生存技能指导员、草药专家和野外急救指导员。我还为电视节目提供咨询，参与过许多节目的制作，担任首席生存顾问。

因此，我一生都在接受生存训练，也用一生讲述着身边的故事。我向团体讲授应对灾难的准备知识时，提到最多的是一座沉睡在加拿大落基山脉上的山城，我曾居于斯，故事也发生于斯。

2013年6月，天口洞开，大雨倾盆如注，山顶泡发，积雪融化，引发了百年一遇的洪灾。洪水席卷小镇，摧毁了所有的社区。这场洪水后来被记录为加拿大史上损失最大的一次自然灾害。

我和家人被指引撤离到当地的一个疏散中心。我们带齐整套装备，准备了可在山区生存一周的生活用品，还携带了医疗用品和食物（军用口粮）。这样的反应会不会太过度了？事实证明，没有。通信中断，周围一片混乱，房屋和路桥都被冲走，山体垮塌，传言外界完全被阻隔，救援无法进入。我们在疏散中心的一间房子里找到了撤离过来的其他人，他们有些刚刚失去家园，显然仍惊慌不定。

最令我震惊的是，他们几乎都毫无准备。许多人只在离家前的几分钟里匆忙收拾。然而，他们大多数人和我们一样，在一个多小时前就收到了撤离的通知，他们却只是穿着凉鞋、短裤或牛仔裤、T恤衫和轻便夹克坐着干等；有人脚边搁着一个小手提包，显然没带任何有重要生存价值的东西。

过了一会儿，一名官员进来宣布，我们将要疏散到市中心的一所学校去。我指出，学校位于山谷底部，是公认的洪水泛滥区。另外，到那儿去必须穿过一座桥，已有官方报道称这座桥有坍塌的危险。这位官员回答说，那里有淡水和咖啡，还有食物，而且学校更靠近医院，容易获得医疗支援，因此值得冒险过桥。

我太太指出，淡水可以从降雨中获得，至于食物和医疗用品，我们包里都准备了。此外，她还提出，她认为不值得冒着被冲走的风险过桥，也不值得在大雨如注，洪水袭来的眼下进入洪水区。

这位官员草草答道："你们别无选择，必须去。"我和妻子相视一笑，拿起装备便往门外走去。那官员还在大喊，让我们必须上车，我们应道："我们有更好的选择。"然后紧了紧靴子的鞋带，便出发了。

我回头瞥了一眼，灰蒙蒙的瓢泼大雨中，人们在明黄色的校车前排着长队准备上车。他们像一只只羔羊，温顺地向前挪动，官员们则在周围发号施令。所有人都衣衫不整，且消息闭塞，甘愿被地方当局牵着鼻子走。他们相信当局会替他们做出最好的决定。

仅仅过了二十四小时，这个现代化的小镇就已几近瘫痪，用水短缺，供电中断，商店里的食物也消耗殆尽。在洪水暴发两周后，我们仍在努力恢复正常；一年后，道路和其他服务设施仍在修复中。我们还发现，镇上一个大型水库的闸门已接近失灵，山谷里有几段铁路已被水库泄出的水冲毁。幸好当地政府用大巴将人们送往谷底的学校疏散中心时，注意到了这一潜在的灾难性故障。车上的人们可谓幸运。

现今世界危机重重，祸乱频发——洪水、野火以及其他潜在灾难，避无可避。

然而，当灾难降临，你仍然可以有所选择。你可以干坐着，祈祷灾难不会降临在自己身上，自信满满等待政府来施救；你可以居安思危早做准备，学习如何应对。

你可以学习急救和求生知识；你可以储备应急

物资，跟家人科普相关知识；你还可以读读这本书。这是一本通俗读物，注重可读性，时而语带调侃，却能帮助你在情况恶化时直面恐惧。这本书涵盖了各个领域的一流专家讲述的重要事实和硬核信息，包罗万象，寓教于乐。

我们在疏散中心遇到的灾民，如果能读一读《如何在30分钟内收拾好应急包》或《洪水肆虐如何逃生》这些章节，一定会受益匪浅。

我希望你喜欢这本书，并能从中学到一些在绝境中求生存的知识。无论面对可能发生的洪灾、火灾，还是发生概率极低的机器人叛乱或外星来客，都选择做那个有所准备、掌握情况并镇定应对的人。

有时只是多做了一点点准备，也许就能从最糟糕的情况中活下来。你和你所爱的人都会为此感激你。

如果有天真有外星人到访，知道如何分辨孰善孰恶，也是幸事。

戴维·霍尔德

户外领队、荒野向导及生存指导员

导言

“毛毛虫视化蛹如末日，蝴蝶称之为新生。”

——理查德·巴赫《幻影》

“保持镇定。”

——道格拉斯·亚当斯《银河系漫游指南》

自1999年以来，我们出版的《生存手册》一直在为应对各种极端情况提供专业的建议，包括鳄鱼袭击、飞机失事、火车脱轨、酒店火灾，以及更多生活中的突发情况。经过二十多年的发展，我们认为这本书内容足够全面，涵盖了人一生中可能遇到的方方面面的极端情形，也帮助数百万人从容面对恐惧，让他们知道无论情况多么糟糕，总能找到办法活下来。

时间来到2020年——可以说是充满生存焦虑的一年，它开启了一个全球大流行病盛行、气候危机加剧、洪水火灾频发、核灾难逼近、战争一触即发等的时代。

但是，即使是最极端的情况，也总有办法求生存。毕竟，生命是很顽强的，即便靠食虫饮尿，我们也能活下去。

危难来临时，这三大生存原则更能凸显其正确性：做好准备，保持镇定，有所计划。

这本书介绍的生存技巧涵盖了三大内容板块——从如何准备掩体到如何确定环境是否安全，从外星人入侵如何逃生到全球超级计算机叛乱如何反击，从如何抵御敌对部族到如何重建家园。我们希望你能充分学习各种求生知识，让你即使身陷孤绝之境，也自信总有办法活下去。同时，也能减少许多给旁观者平添笑料的事情。

所以，大可乐观些，我们都是幸存者。只要齐心协力，生命之坚韧、创造力之磅礴，总是令人惊叹。毕竟，在历史的长河中，人类都是在灾难中生存的，我，你，每一个活着的人，都是幸存者。

这能说明什么？不知道。但总不会是坏事。

乔舒亚·皮文和戴维·博根尼奇

危险来临如何从容应对

- **保持希望**

我们倾向于认为，坏事发生时我们的感受会比实际来得糟糕，坏事造成的影响也会比实际来得持久，这被称为影响偏差。但请相信：人类已高度进化，能够适应新的环境，即使面对最坏的情形，也能创造有利的生存条件。

- **将担忧和想法视为大脑可处理的数据**

要抵制假设坏事发生时你会受到负面影响的想法。当然，你可能会受影响，也可能不会，我们无从得知。但坏事发生时，你的“心理免疫系统”会合理化自己的遭遇、寻求社会支持、刺激你更加努力工作等，总之，以各种方式帮助你渡过难关。虽然这些反应都是无意识的，但请放心，你的大脑会不断处理新信息，并调整你的行为去适应当下情形。

- **将消极情绪正常化**

害怕或恐惧可能会让你有效地摆脱危险，而悲伤则表明你可能缺乏某种必要的社会或情感支持。把消极情绪当作行动的信号，当情况实在糟糕时，它可以帮助你生存下来。

- **掌控情绪**

任何时候，都有一样东西是可以完全由你掌控的——你的反应。坏事发生时，不妨多关注我们的反应。控制我们对糟糕情况做出的反应，能够获得对事态的掌控感，从而获得更积极的态度。而当我们对事态缺乏控制时，就会产生无助以及无力的感觉。研究表明，控制感是一种自我实现的预言，有助于建立对各种情况的实际控制。

- **轻松谈笑，多留心发现美好，保持积极的心态**

即使面对最坏的情形，人们也还可以控制自己的行为和想法，从而获得快乐。这就是为什么人们在紧张或害怕的时候经常会开玩笑——幽默和欢乐可以压缩恐惧和慌乱存活的空间。多去回想令你觉得庆幸的事，与他人建立社交联系，采取行动帮助他人，不要失去幽默感，否则才是真正的末日。

- **养成积极习惯，戒除消极习惯**

即使身处艰难的环境，锻炼、冥想以及充足的睡眠也能让人更快乐。而饮食寡味、忧思过度、酗酒或依赖药物控制情绪往往容易让人郁郁寡欢。

专业提示

闭上眼睛，集中精神，深呼吸三次。这个动作能很快调整好情绪，清除掉大脑中的焦虑想法，简单有效。

用正念控制情绪

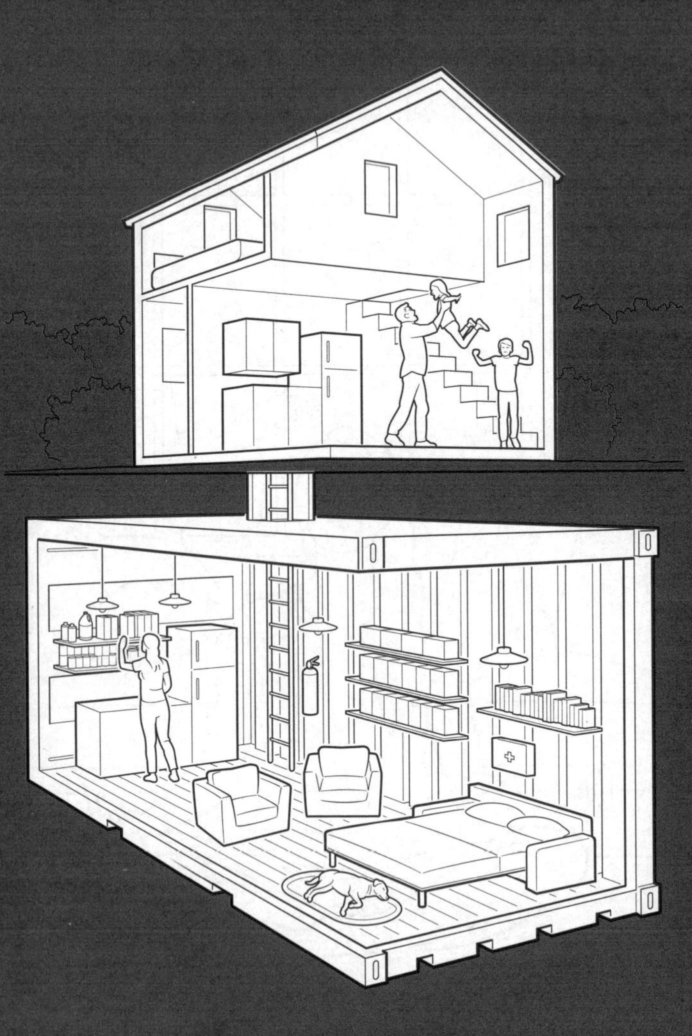

有备无患

如何在30分钟内收拾好应急包

应急包便携易用，在短期撤离中可拎包即走，在长期撤离中也可做临时过渡之用。应急包里只装重要物品，能维持几天即可，而不应贪多求全，把几周或几个月里用得上的东西笼统塞进去。除了婴儿和学步的孩童，每一个家庭成员都应该有自己的应急包。一个合格的应急包应是肩带结实的防水旅行袋，装着廉价塑料滚轮的拖拉式硬壳行李箱不适合用作应急包。

1 收集电话号码（第1~5分钟）

制作一份简洁的重要电话号码清单，包括家人、好友或其他可能需要联系的人的电话。将清单复制几份，往每个应急包里放一份。手机没电时，你还可以依靠这份清单。

2 收集文件（第6~10分钟）

将护照、出生证、身份证、保单及其他重要文件放入一个大防水袋中，密封，必要时用胶带封口。（同时应将所有文件的扫描件进行云备份。）

3 收集药品、急救用品和洗漱用品（第11~15分钟）

如果需要服用处方药，每个家庭成员应各自整理，建议准备一周的服用量为宜。同时利用这段时间收拾必要的洗漱用品。

4 整理衣物（第16~20分钟）

每个家庭成员必须准备两套换洗衣物、几双袜子、几套内衣裤、一件保暖外套、一双结实的鞋子，以及一件防水外套或便携式雨披。一个较大的家庭的应急包里应装有保暖毯子。

5 收集生存所需的必要物品（第21~30分钟）

- 每人每天3升水
- 蛋白棒、坚果、花生酱、牛肉干或其他干燥的蛋白质来源
- 带电池的小手电筒
- 带电池的便携式收音机
- 干棉绒（用于生火）
- 打火机和火柴（用防水袋装好）
- 净水片

- 莱泽曼多用工具刀或其他多功能工具
- 充电宝、充电线
- 垃圾袋、胶带、绳子
- 小镜子、指南针
- 工作手套
- 口罩（用于过滤灰尘、灰烬或污染物）
- 卫生纸
- 圆珠笔和铅笔
- 宠物食品（如有宠物的话）

专业提示

- 防水油布或塑料布可用于搭建庇护所，也可用于保持物品干燥。应在车里常备急救箱和几块防水布。
- 约定一个紧急集合地点，以防走散以及手机信号中断或电池耗尽。

收集以下必要物品
卫生纸
PURE
WATER
3升饮用水
垃圾袋
胶带
PURIF
净水片
干棉绒
口罩
带电池的收音机
PROTEIN
PROTEIN
PROTEIN
蛋白棒
小镜子和指南针
充电宝
多功能工具
手电筒
圆珠笔和铅笔
工作手套
打火机和火柴
宠物食品

如何准备应急资金

- **回归纸质文件**

全球金融体系是数字化的。除硬通货、宝石或矿物（本身没有内在价值）以外，所有账户、记录、信贷、借贷以及投资都以电子方式保存。

若发生严重的灾难事件，甚或只是遭遇重大网络攻击，你的资产记录可能丢失或长期无法访问。万全之策，请在每个交易日结束时上网将投资及银行账户记录打印出来，需要时可作为所有权证明。

- **物理断网**

在一个安全的防火房间内，为整理和打印文件专门配备一台独立的电脑和打印机。不使用电脑时，断开与互联网的连接（称为“气隙系统”），以防爆发网络战争。

- **少用数字货币**

比特币、狗狗币、以太坊以及类似的数字货币，没有存在实体。一旦灾难来临，这些数字货币就无法流通使用，会变得一文不值，耗能巨大的挖矿系统也会崩溃。

- **持有部分现金，但不要全部兑现**

美元和所有其他主要货币都已脱离金本位制，其本质是一种承诺兑付的国家信用。在浩劫降临的早期阶段，银行信用体系渐趋崩塌，人们纷纷转向现金，就会发生挤兑，美元可能取代信贷继续流通一段时间。然而，随着时间推移，人们可能慢慢回归以物易物的交换形式，到那时，即便是国际硬通货也可能变得一文不值。剩下的纸币就留着生火吧。

- **财产越多，选择也越多**

在封建社会中，土地所有者控制着生产资料，并可能控制所有尚存的住房。因此，在危难时刻，拥有越多财产，就拥有越多选择，届时不仅可以用于撤离，还可以用以开启有价值的新生活。如果你已经拥有自己的房屋，务必妥善保存所有票据，以证明你的所有权。

- **考虑申请抵押贷款**

在全球性的灾难中，银行和抵押贷款公司都将不复存在，因此，在灾难发生前还清抵押贷款可能毫无意义——灾难过后，债权人已然消失。不过，如果灾难只短期存在，这些机构在经历一段时间的动荡后很大可能可以重建恢复，等它们喘息过来，就会向你索要欠款。

- **留存一些实物黄金**

黄金的价值基本称得上坚挺，在灾难早期可与易货相当，但随着时间推移，也会大幅贬值。黄金是一种软金属，在古代虽价值连城，但只做装饰之用，实用性不强。有关黄金的选购方式以及质量甄别的详细信息，请参阅下节“如何买卖黄金”。

- **储备可易货的物品**

如果空间允许，现在就购置好应对灾难的必备物品，如太阳能充电器、充电宝、净水器、种子、冷却器、斧头、户外工具。完整清单请参阅第12页的“如何准备掩体”。如果场地宽裕，可以养些鸡和兔子。

- **花光积蓄**

做好过简朴生活的心理准备，并在危难来临前花掉大部分资产。如此，既可免去将资产留待灾难摧毁的遗恨，在财产行将耗尽时，也能迫使你提前适应自给自足的生活。

如何买卖黄金

- **确定你所有或所需的黄金种类**

实物黄金（金条或金币）通常比首饰等黄金制品（交易中称为“废金”，详见下文）纯度更高，因而更受欢迎，也更容易交换。

- **确定意向品牌**

跟其他产品类似，黄金也可用“品牌”（生产商或精炼厂）衡量其价值。可登录相关的APP（手机软件）或官网查看“合格交割名单”，获取信誉良好的生产商和销售商名单。

- **称重**

最常交易的金条和金币含有1金衡盎司（约等于

31.1克）的纯金。但在欧洲，金条的重量可能高达250克，而在美国，金币的重量可能从$\frac{1}{20}$金衡盎司到1金衡盎司不等。金银制品上通常印有种类、重量和纯度。必要时可用食品秤将重量换算成金衡盎司。

- **估价**

大多数投资级金银产品的纯度为0.999+（相当于24K珠宝）。越接近0.999+越好，不过纯度为0.9167的鹰扬金币（美国铸造）或纯度为0.916的克鲁格金币（南非铸造）也广为人们接受。加拿大铸造的枫叶金币也很畅销。记住，无论纯度如何，黄金价格都会产生波动，有时幅度很大：在灾难持续期间和灾后重建时期，其价值可能大幅上涨，其他时候则可能暴跌，因为黄金主要是一种装饰性金属，几乎没有实用价值。

- **尽可能通过网络购买或出售**

线上黄金市场规模巨大且交易活跃，可以获得最合适的价格，也有许多信誉良好的贵金属交易商。

- **在当地购买**

当地的实体经销商通常会有一些黄金存货，但在灾难持续期间，可能售价极高，且可能断货。

- **向政府购买**

这往往是成本最高的途径——且只能买，不能卖。国家造币厂（美国铸币局、加拿大皇家铸币厂）是全球金银产品的主要供应来源，因此供货应该充足，但预计价格较高。

如果手上只有废金

在这种情况下，想要出售或交换珠宝会比较有难度。珠宝的纯度从10K到24K不等，需要依靠精密的检测工具和称量用具，才能确定其价值。珠宝形状多样，大小不一，从5克重的婚戒到可能重达200克的粗金链条，各式各样。黄金首饰可能镶有宝石，如有，必须将其取出。如果打算买卖废金，则需要进行估价，最好网购一套基础的珠宝鉴定工具、珠宝商专用工具和珠宝秤（总费用约为300美元）。

如何准备掩体

建造掩体

1 确定藏身时长

低价的小型掩体适合几天到一个月的掩藏方案。超过这个期限，食物贮存、供水供电、空气过滤以及生活垃圾等都会成为难题，小型掩体便不再适用。

2 选择一个隐蔽的安置点

掩体足够隐蔽，才能保障安全。选在白天用挖土机开挖，可以拦住吵嚷的邻居，让他们误以为你要建泳池。如果有地下室，可以用煤渣砖砌一道假墙，用石膏板覆盖墙面，再用书柜或架子挡住入口。这个保命的房间也应配备床、厨房以及满足基础洗漱需求的浴室，像一间小公寓。基础设施要求见下文。

3 从地下室挖起

如果你家有一个小地下室，房子周围也足够空旷，可以穿过地基挖一条隧道（如此可借力获得地基的支撑），将掩体建在隧道尽头。另挖一条隧道，在隧道里建一个小型发电机房，用来储存发电机燃料，机房通风口通向地面。

将隧道和地面通风口掩藏起来。不要将掩体建在邻居家的院子下面。

4 掩埋一个集装箱

二手海运集装箱价格适中（约3000到8000美元，视大小而定），非常适合用来做掩体。这一步需要用到挖掘机和起重机，并且要求地界开阔，以阻隔邻居的窥探。

5 对集装箱外部进行防风雨处理，然后修建排水系统，建造空气流通的基础设施

用柏油、沥青瓦或其他材料对集装箱外部进行防水处理，再在周围大量挖凿排水沟，给排水沟铺上石块。然后用你的焊接技能（或者雇一个守口如瓶的焊工），在集装箱顶部切开一个口子，用来安装舱口盖和排气管。集装箱应至少埋3米深，通过梯子和舱口进出，不用时要将梯子隐蔽起来，同时给舱口上锁。如前文所述，还需要一个单独的空间放置发电机。

将海运集装箱掩埋到小屋下面，就建好了一个掩体，
操作简单，成本适中，且隐蔽性佳

隐蔽掩体

- **在掩体上建房子**

许多人会在自家院子里加盖小房子，用来自住或出租。在掩体隐蔽的舱口处建一间外观普通的小屋，再在舱口处铺上精美的地毯。

- **将掩体直接埋在车库底下**

做好准备，必要时用电钻钻开车库的水泥地面，用梯子爬进掩体。

- **用花箱遮盖舱口**

建造或购买一个1.8米×1.8米的花箱，在四个角装上坚固的轮子，用装饰物遮住缝隙，再将花箱粉刷成喜欢的样式，然后种上雅观的花卉。将花箱放到舱口处隐藏掩体，要进入掩体时，将花箱推到一旁即可。

- **用装饰板隐藏掩体**

装饰板可以轻松掩盖掩体的舱口。把装饰板铺装好，与舱口重合处剪开，再用铰链固定回原位，然后用户外地毯将这个活板门隐藏起来。剑麻材质的地毯既耐用又美观，是上佳之选。

专业提示

- 网购预先建造好的掩体会相对便宜，可以去相关的网店选购。
- 如果资金不成问题，你可以投资建造一个预建掩体的家园，其价格视建筑面积大小而定。这些家园里如果设施完备且牢固，可满足与世隔绝在其间生活数十年的生活需求。
- 准备30天的饮用水，人体对水的需求量可以通过体重衡量，每人每天每千克体重需要30到60毫升水。
    - 掩体的厨房里要储存可维持30天乃至更长时间的食物。谷类保质期长达数月，罐头食品可保存数年之久。
    - 加强型掩体配有负压通风系统，可防止污染物进入。这种系统价格高昂，你家的掩体可能没有配备，但至少应该具有良好的通风设备，如配备高效能空气过滤器（HEPA）及木炭过滤器。
    - 如果无法连接附近的下水道，可以使用生态厕所。
    - 准备大量纸牌游戏、棋盘游戏以及1000块的拼图。此外，建议建一个小型图书馆。
    - 如果有电和观看设备，可以准备一些电影留待晚上消遣。
    - 如果空间允许，可以添置跑步机或动感单车、杠铃，再设一块软垫区，用于瑜伽和拉伸。

- 考虑养一只动物：猫是不错的选择，猫的习性很能适应掩体中的生活。虽然也可以训练有些狗适应掩体，但大多数狗都需要遛——我们只能在夜间离开掩体，否则会有暴露的风险。也可以考虑养鱼，但大多数鱼缸都需要持续供电，而在灾难期间，掩体内的电力供应可能极为紧张。

如何布置掩体，营造家的感觉

1 选择合适的照明

掩体内只安装色温在3000K以上的LED灯，降低季节性情绪失调的概率。

2 将天花板做高

生活在地下易患幽闭空间恐惧症，为了减少患病概率，掩体里起居室和睡眠区的天花板应建2.7米高，浴室可以稍低一些。但任何时候，天花板高度都不应低于2.1米。用于建造掩体的海运集装箱常规尺寸为：高2.55米、宽2.4米、长12米。

3 把LED屏做成“窗户”

给电视机或电脑显示器装上窗框，再安装到墙上。在屏幕上展示户外照片，就像透过窗户看见外面的风景一样。

4 巧用镜子

镜子可以营造空间错觉，多一些镜子会让室内变得像个游乐场，而精心摆放几面大镜子则可令视觉空间较实际显大。亚克力桌子也能提升空间感。

5 家具摆放远离墙壁

家具直接靠墙壁摆放会令生活空间显得逼仄，将座椅摆在掩体中心线的位置较为合适。

6 用浅色涂料粉刷墙壁

除了白色以外，蓝色、黄色和绿色等浅色调也能柔化视觉效果，令冷硬的墙体变得柔和，让人感觉轻松舒缓。反之，深色则会让掩体的空间更显局促，粉刷时应予避免。另外，忌用红色。

7 不以砖墙分区

要将餐厅和起居室分隔开，置一开放式搁架足矣，而不必将墙壁砌到顶；也可以在天花板安装窗帘轨道，垂挂浅色亚麻布，划分出独立的区域；折叠屏风可以随意开合，也是不错的选择。

8 将杂物收纳整齐

掩体空间极为有限，可谓寸土寸金。因此，更应将每一寸空间利用到极致：座椅可选用内部有储物空间的长凳，将平板床底做成抽屉，将壁橱做成双层样式。

储备物资

可交易物品的价值取决于当前灾难的类型以及特定物品的稀缺性。我将一些灾难来临时可能遭抢购的物资粗略列示如下，这些物资也易于长期储存，可提前囤货。

- 1号电池，用于给收音机、便携式照明和电池灯供电
- 手电筒和收音机
- 燃气或丙烷，用于烧水、做饭和消毒
- 净水片
- 太阳能充电器，用于给手机和电灯充电
- 山羊，用于产奶、制作奶酪以及供应羊肉（如空间允许）
- 卫生纸
- 非处方退烧药
- 急救包
- 户外刀具

- 种子
- 保质期长的食物，如面食、大米和罐头食品
- 鸡，用于供应鸡蛋和鸡肉
- 防水油布和雨披
- 胶带
- 缆绳
- 扑克牌
- 兔子，用于供应兔肉和兔毛
- 象棋
- 水桶
- 锅碗瓢盆
- 木炭
- 彩色图书

如何将准备工作做得隐蔽

1 将囤货时间安排在深夜或直接网购

如果你往购物车里装50罐牛肉速食罐头、100千克大米或12节汽车电池，其他顾客难免起疑。为免去不必要的麻烦，可以在一段时间内少量多次购买，或从网上批量订购。

2 不要穿迷彩服和绒料衣物

人们为灾难做准备的时候偏爱耐用的品牌，如卡哈特（Carhartt）、巴塔哥尼亚（Patagonia）的外衣时尚美观，做工精良，经久耐用，也值得入手。

3 腰带上不要挂实用工具

如果腰带上挂满莱泽曼或其他多功能工具、带鞘刀具和防熊喷雾，可能会让人看穿你在做防备。现在大多数人都不用腰包，而直接把手机放到口袋里。

4 巧妙地说话

日常常规备货和为应对灾难囤货之间有着微妙的

界限。如果你想说“在大灭绝之后，只有我们能幸存下来”，可以换个说法：“暴风雨来临，我们应该也能安然待上几天。”如果有人问你：“为什么要烘干25千克牛肉？”你可以避重就轻反问他：“你想吃牛肉干吗？”

5 不要说敏感词

诸如“火腿无线电”或“业余无线电”（“火腿”为业余无线电爱好者的简称）、碘片、剂量计和防毒面具等词语必然会让非同道中人心生怀疑。现在N95口罩也成常用词了，可以不必避忌。

6 不要炫耀你准备的食物储藏室、避难所或者掩体

有所准备的人往往忍不住想要炫耀自己辛勤的劳动、花费的钱财和为此获得的安全感，以及这些准备在灾难中能支撑自己活多久等。务必克制住这种炫耀的冲动！但有备之人往往自诩比普通人明智，让他们三缄其口可能有些困难。

如何在野外藏身

在人烟稀少的荒野地区，如果没有人刻意追寻，你被发现的概率会很低。在地图上找出标志较少的地区，出发前需要关注以下六个主要方面：急救、火、住所、衣物、水和食物。食物重要性稍次，因为你终究要学会采摘野菜和捕猎动物，补充生存所需的纤维素以及蛋白质，只需要带足够维持到你掌握打猎技能的食物即可。

1 准备一个容量20升以内的背包

如果应急包里没有准备以下物品，则将它们装到背包里。

- 军用披风，足够大，可用作篷布
- 莱泽曼波浪工具钳（Leatherman Wave）或其他优质的多功能工具
- 手摇发电的便携式收音机
- 小型太阳能充电器和带红色或蓝色滤光片的可充电手电筒
- 手表和指南针
- 20厘米折叠锯（手工锯）

- 铁钸打火棒
- 莫拉刀（Mora），刀刃长约10厘米，碳钢材质为宜；或其他品牌的优质户外刀（也可用于生火）
- 小型手斧，碳钢材质为佳
- 净水片
- 一次性打火机和几盒火柴，用密封袋包装
- 折叠式工兵铲
- 野营锅或平底锅
- 缆绳或麻线
- 保暖衣物和轻便耐用的鞋子
- 保温水壶
- 净水壶（用于净化饮用水）
- 坚果和能量棒
- 狗粮，视需要而定（如果你养狗，应当带着它撤离）

2 徒步进入森林

远离行车道。徒步进入森林时要躲避人迹，为安全起见，至少离公路、山路、泥土路及类似的小路800米远。即使是看似废弃的防火道，也可能常有护林员或猎人光顾。

别想着用灌木丛掩盖足迹，土路上踩踏过的痕迹极其容易暴露。相反，应选择坚硬的路面行走，最好

踩石头或走碎石路。

3 临近水源而居

将居所建在靠近溪流或小河的地方，便于徒步前往取水；但又不能太近，以免他人循水源寻来。定居前，检查泥地、泥沙和河岸是否有脚印或其他人居住的痕迹。定期复查。选用不同的路线往返水源，以避免埋伏。

4 练习在夜间行动

在黑暗中静坐30分钟，让眼睛适应夜间视物。切记，使用手电筒时务必安装滤光片，它可以降低亮度，有助于隐藏行踪。若非绝对必要，禁止在避难所以外使用人工照明。

5 生火取暖和做饭，但只能在夜间进行

架一堆干柴，用打火机、火柴或打火棒生火。烟雾在白天极易暴露，因此，切勿在白天生火。

6 净化水

所有采集的水都要煮沸并用净水片净化（请参阅“净化脏水”一节，第140页）。

7 定期巡逻

将巡逻列入每日行程，留意居所周围是否有入侵者的踪迹或其他可疑迹象。如果养狗，训练它噤声以防暴露，它就可以成为一个有用的哨兵。

8 布置绊脚索

在靠近居所的区域，将树苗压倒，在其顶端绑上麻绳（不要太紧），如果树木有弹回的动静，就要做好对敌准备。如果担心绊脚索可能暴露居所，也可以在地上撒些干树枝，树枝咯吱作响，就应警觉起来，或许有人或动物入侵。

天灾人祸

如何抵御外星人入侵

古今中外关于外星人是否存在，众说纷纭，并无确凿的证据。我们需保持理性客观的态度对待外星人的传闻，本部分基于“外星人存在”这一假说。

当来客友好时

来者没有立即进行破坏，可视作一个正向的友好信号，可采取以下步骤进行谈判沟通。

1 建立共同的语言体系

确定外星人有意愿进行交流，也具备沟通能力后，先与对方约定表达方式。对不同的事物、动作、属性或时空指向列举具体例子，明确其对应的词汇句式，像教授外语一样。从简单的问题开始，例如，“欢迎你们，朋友们！你们从哪里来？”“你们平时都吃些什么食物？”

2 建立信任

我们不知道外星人造访的意图和目的，可能只是燃料耗尽迫降地球，也可能想试探人类的弱点或筛检人类的血型。在无对方可信与否的历史资料可借鉴之时，先假设对方乃友善来访，以礼会客，友好洽谈。

3 保持积极心态

记住，外星人也可能心怀善意，帮助人类建设新文明。他们可能带来治疗疾病的方法、应对气候变化的方案，或摧毁社交媒体的办法。

4 宽恕无心之举

当事情不尽如人意时，要克制报复的冲动，因为意外总是难免。如果外星人登陆地球时飞船焚烧，致使上千人丧生，可能只是无心之失。报复只会激化冲突，冤冤相报，恶性循环，最终可能引发末日决战。对意外之失展现出宽恕的襟怀，但也要坚定表示，应当就此止戈，禁止扩大杀戮。

5 保有远见

不要指望用花招诡计、威胁恫吓、虚张声势或提出无理要求等伎俩，让外星人心态失衡而退缩离去。沟通时，传达的信息要清晰明了。尊重客人，不要给访客起诸如“棒棒糖脑袋”“汤米触手”之类的滑稽绰号。

6 适度妥协

双方通过艰难抉择，最终折中做出让步，往往更能表明诚意，也就能磋商达成有效协议，亦即所谓的“安全失败选项”。

当来者不善时

1 保持冷静

面对任何对手，都要保持头脑清醒，不要贸然行事，面对外星人也一样。先确保眼下的安全（即确保不会立即被焚烧汽化），再关注更长远的潜在威胁。

2 寻找避难所

待在家里。可搬到地下室（如有），或室内远离窗户的房间。

3 保持安静

屏息静气，不要发出大的声响。外星人的听觉可能极其敏锐，可能利用声音来追踪你。

4 关闭空调，打开暖气

若外星人掌握红外热成像技术，则可通过温度差锁定人类的位置。尽可能将藏身处的室温调整到接近体温。

5 监控无线电广播

无线电广播——无论是民用的、政府的还是业余的——都将是获取信息的最佳来源，也可能是唯一来源：外星人到了哪里、如何行进，他们的攻击目标、潜在弱点以及人类采取的防御措施。如果只听到静态音，说明无线电波已被干扰，且对方技术先进，我方恐怕处境艰险。

6 若不得不正面对敌，则寻找弱点攻其不备

外星人外表可能异于人类，但一般而言，口、鼻、眼、腮较为脆弱，可用力猛击这些部位。

7 寻找其他致敏原

外星人可能对不同于其母国的光线、声音、冷热、液体等环境条件表现出超敏反应，可通过开关灯、音乐、洒水器等测试他们的敏感性。密切关注他

们对这些环境变化的反应，可能找到其致命弱点。

8 确保安全方可移动

一旦确定离开家相对安全，应召集家人，带上宠物和应急物资，前往指定避难所或掩体等更固若金汤的地点。尽可能召集大部队集体行动。如果外星人一开始瞄准的是体质较弱或行动迟缓的成员，结伴而行能争取更多时间躲避死亡射线。

如何辨别伪装成人类的外星人

1 观察步态

外表伪装成人很容易，但要像人一样自然行走很难。注意他们是否站立不稳、手臂摇摆或脚步拖沓。尽可能从隐蔽处观察。在无人处，他们可能放松警惕，展露原生的运动方式，如跳跃、爬行或滑行。

2 寻找尾巴或触手

这些身体部位较大，很难藏进裤子里，尤其贴身的牛仔裤或瑜伽裤——通常必须藏在宽松的衣服里，如宽松的大衣或宽大的戏服。若发现尾巴或触手，基

尾巴和触手很难隐藏，因此要留意观察对方不寻常的身体部位

本可断定对方是外星人。

3 测试他们

除非外星人仔细研究过人类历史，否则简单的口头测验也可能让他们露出破绽。问他们“薯条的发源地是哪里？”“罗马是一天建成的吗？”或者“米勒德·菲尔莫尔在任期间的副总统是谁？”如果他们的回答不是“比利时”“不，不是”或“菲尔莫尔没有副总统”，可以合理怀疑他们是外星人。

4 试探他们

在与疑似外星人喝咖啡时，随口说：“这咖啡真不错，但加点人血口感更香浓。你觉得呢？”观察他们的反应。

5 装作他们的同类

试探说：“这人皮搞得我发痒，我们找个酒店，脱掉这身人皮吧！”如果他们表示同意，不要去。

如果他们是蜥蜴人

- ### 寻找对方蜕皮的时机

所有爬行动物的表皮或鳞片在生长过程中都会周期性更换，称为蜕皮。在此期间，蜥蜴人可能会浑身瘙痒、易怒，可乘虚攻击。

- ### 用低温削弱他们的力量

蜥蜴需要依靠热量调节体温。将蜥蜴人引到冰球场、冷藏柜或开足冷气的办公室，令他们受冻而变得昏沉萎靡，就可顺势制服并控制他们。

- ### 用同类尸体恐吓他们

拿蛇皮腰带或蜥蜴皮制的公文包，故意给他们炫耀一番，说："瞧瞧！我手上这个是你的朋友吗？"

- ### 攻击蜥蜴人幼崽

蜥蜴是卵生动物。刚孵化的幼崽毫无防御能力，极易攻击。蜥蜴人的交配场所必然布防严密，但也许可以将幼崽扼杀在孵化前。

- **阻止他们交配繁殖**

假设蜥蜴人可进行物理上的交配，其后果不堪设想。

如何驾驶外星飞船

1 进行航前检查

无论外星飞船技术多么先进，都会有某种形式的推进装置。环绕机身一周，确保发动机完好无损，且没有东西阻挡。检查起落架或轮子是否完好，并移除支柱上的销钉。弹射座椅和紧急抛盖手柄也可能有一些销钉，防止停机时这些装置意外收回或弹出。销钉上会有明显的标记或线条。检查挡风玻璃是否有裂缝。如果飞船不是碟形且有机翼，可初步判断其机械性能良好。如有必要，可押送外星人来操控驾驶。

2 进入驾驶舱

驾驶舱或机舱内一般会放置一份介绍所有地面与机舱内操作顺序的参考文件，即袖珍核对表，内容包括启动发动机等，步骤细致详尽。从座椅袋里找到操作说明卡片。卡片不太可能用英文印刷，但核对表上的符号或字母应能对应相应操作部件旁的标识，可借以大致了解操作顺序。即使是全数字显示的先进飞船，应该也会为关键的飞行“六大仪表”（详细介绍见下文）配有备用的手动仪表。

3 打开电源

军用飞船不需要按键启动。核对表上的第一个按钮应表示电源或主摇杆开关。将其打开，面板指示灯亮起，仪表盘亦即恢复工作状态。

4 接通燃油管路

在控制面板左下方找到摇杆开关，打开增压泵并输送燃油。如果面板左下方未发现开关，可继续搜寻其他区域——记住，外星人也可能用脚、舌头或触手来操作飞船。

5 启动辅助动力装置（APU）

辅助动力装置的开关通常极为靠近油门，将其打开，可为启动主发动机提供补充动力。

6 启动发动机

这应该是启动顺序清单上的下一项操作。可能每台发动机对应一个按钮，也可能一个按钮控制多台发动机。

7 将油门拨至怠速状态

将油门（一般也是推进器控制手柄）向前推到第一个棘爪处。油门可能在你的左侧，略高于大腿中部，稍稍偏向一侧，靠近左手（外星人的左螯）的位置。(在双人座驾驶舱中，油门总是位于左侧。）中央操纵杆或侧方操纵杆则要么在两腿之间，要么在右侧——如果外星人有触手，也可能设置在其他地方。

8 确定关键飞行仪器的位置

无论其技术如何先进，外星飞船仍很可能遵循物理定律。驾驶员在飞行过程中仍需依赖六个关键仪表，即“飞行六大仪表”：

- 空速表
- 姿态仪
- 高度表
- 航向仪

- 升降速度表
- 转弯侧滑仪

无论以数字式还是模拟式显示，这些仪表都位于控制面板的正中央。若装配有平视显示器，会将这些仪表投射到挡风玻璃上，并保持随时可见。

9 确认中央操纵杆或侧杆的位置

中央操纵杆位于驾驶员两腿之间（假设驾驶舱为单座），飞船在飞行过程中的移动由其控制；如有串联控制装置，则可能由侧杆（基本为操纵盘）控制。

10 加速

将油门推至全速前进或防火墙位置，会听到推进系统声音大噪，飞船要么加速向前，要么开始抬升。如果飞船有襟翼，不必理会襟翼的收放状态；随着速度越来越快，穿过飞船的空气会自然产生升力，飞船会自发“想要”升空。

11 起飞

将起飞速度设定为150节（KIAS），当然，我们不必认读外星飞船的空速表。当飞船在离地几米处颠簸或抖动时，你应留意到地面效应开始起作用，准备起飞。慢慢向后拉中央杆或侧杆，飞船便会升空并迅速爬升。升起起落架，以减少阻力，使飞船更机动流畅。

12 操控飞行

航天器（人造或其他）飞行速度惊人。由于空气在机翼上快速流动，只需微调操纵杆即可改变飞行方向和高度。

13 平飞

将油门拨回中段，降低机头，使其与地平线保持水平，如此可节省燃料。除却在追击外星攻击者、躲避追击或低空疾飞攻击地面目标时，其余大部分时间都应保持水平飞行。

如何进攻

1 选择武器系统

外星飞船可能具有多种攻击能力，但最基本的是空对空和空对地武器：激光器（可能）、光子鱼雷、短程红外（热寻）导弹或激光制导炸弹和导弹。在控制面板或数字显示屏左上方搜寻，查看是否有与A/A和A/G相对应的象形文字或符号标识，此即为各种武器的开关或按钮；控制武器的各种按钮也可能直接设置在操纵杆上或旁边。

2 武器上膛

还可能有一个主控制按钮或安全开关，一般用黄黑斜线突出标记。若有，则将该开关从安全状态切换到备战状态，完成状态切换可能需要两个连贯的动作：将开关拉出并向上推或向下拽。

3 锁定目标

武器启动后，挡风玻璃或数字显示屏上会出现瞄准线，类似于电子游戏中的十字形准星。用操纵杆控制飞船，将敌人锁定在瞄准镜内。击杀敌人不必一定要精确瞄准。

4 开火

扣动操纵杆上的扳机，发射空对空武器（导弹、激光）；或按下按钮，发射空对地炸弹。如此反复操作，直至弹药耗尽。

专业提示

- 任何只能依靠心灵意念来控制的飞船都难逃坠毁的命运，除非你能让被挟持的外星人质折服并心甘情愿受你驱使。
- 如果标签丢失或字迹难辨，可反复试验，确定开关和控制功能：瞄准，射击，如此反复。
- 如果有任何控制装置与预期不符，同样可通过反复试验确定其功能。(不到万不得已别无选择的时候，绝不要按红色的大按钮！无论它看起来多么鲜艳诱人！)

如何打败全球超级计算机

1 将生活用品物理隔离

黑客可以通过任何联网设备，比如手机、灯泡或智能冰箱，侵入你的生活。扔掉所有可连接网络的设备，以及任何易从后端网络入侵的设备（如日常使用的有线电视）。

2 拔掉非必需电器的插头

全球超级计算机可能抢夺并控制发电站和输电线路，并发送电磁脉冲，烧毁任何无法直接用数据控制的“哑巴”设备。若条件允许，用离网太阳能电池方阵或发电机等分布式本地电源给冰箱等必需品供电。

3 只与人类交流

机器人和聊天机器人基于机器学习而研制，且被喂以无线数据集，可用于迷惑、说服以及操纵人类。即使没有关于你的具体数据，机器人和算法也能从类似的人身上获取大量基础信息，从而诱使你听从他们的指令。

攻击计算机电源，令计算机控制器瘫痪，或用植入病毒的电磁脉冲设备摧毁计算机
电磁脉冲式装置
（藏在蛋糕里）

4 设置条件复杂的提问，测试AI（人工智能）

向AI提出需要调用抽象思维，而不能简单用“是”或“否”来回答的问题。例如，不要说“你说话听起来像个机器人。请回答我，你是不是机器人？”相反，你可以说：“请想一想在你的领域中非常具有影响力的人。不要告诉我她/他是谁，只要描述一下她/他的外表，然后告诉我，如果没有这个人，世界会是什么样子。”或者“辣椒加豆子好吃还是不加豆子好吃？为什么？”

5 不使用交友网站

交友网站的匹配是通过算法实现的，超级计算机可能会操纵匹配过程，以增加出生的婴儿具有对超级计算机有利的遗传特征的概率。（例如，筛选遗传基因，令新生儿长大后倾向于选读艺术史专业，而非成为工程师。）

6 假装糊涂

装傻充愣，让超级计算机低估人类的能力，韬光养晦，伺机反扑。同样，也可以给人工智能提供错误的学习范例，混淆视听，从而破坏机器学习数据库，令其误判。

7 破坏超级计算机的电源

即使在未来，超级计算机仍需要依赖电力运行，其电池仍需要冷却散热，再坚固耐用的电池也需要充电。找到超级计算机的电源和输电系统，将其禁用或摧毁。记住，超级计算机可能已经无数次演练过这一情景并研究出应对策略：它可能已经构建起坚固的防御系统，并使用与人类同样的动力源，例如核反应堆，因此，破坏超级计算机的动力源也将增加人类自身的风险，甚至引发灾难。

8 攻击超级计算机的控制器

如超级计算机未完全实现自主，则很可能受控于一个恶意的国家行为体或某个强大的公司或集团。超级计算机可能有一定的决策自主权，但其创造者因对机器的全面认识，反而成为攻克超级计算机的薄弱环节。可以考虑在控制组织内部安插内应，里应外合，令计算机感染电脑病毒，从而摧毁AI。

9 制造特洛伊木马病毒或制作“蜜罐”

超级计算机会试图消灭任何可能的威胁，尤其是电磁脉冲发生器。制造一种仿真电磁脉冲武器，在其中植入恶意代码或病毒，吸引AI攻击，以便将其感染。

如何对抗机器人暴动

- **用油减慢机器人行进速度，然后焚烧**

战斗机器人步兵，即使运用先进的军用级技术，仍需要依赖抓地力前进。可向机器人兵团喷洒雾化油，以减缓其行进速度，然后用燃烧弹或火焰喷射器将其点燃焚烧。因机器人具有耐热性，这种做法只能减慢其速度，而无法让机器人完全停止。

- **用沙粒阻碍机器人前进**

使用大型工业风扇、机载作物喷粉机或无人机，向机器人战斗单元喷洒细粒度的雾化沙。沙砾可以损坏机器人的运动部件，即使不能让机器人完全停止，也能阻碍其行进，即使是身经百战的军用机器人也不能幸免。详见下文《如何令机器人瘫痪》章节的介绍。

- **喷射黏性泡沫**

向机器人喷射已发泡的泡沫绝缘材料。泡沫的黏性会减慢机器人的速度，且泡沫变硬时，可使机器人瘫痪。泡沫是一种近距离作战武器，因此在攻击时要谨慎，注意隐蔽。

- **用电磁脉冲发生器扰乱机器人电子设备**

电磁脉冲可以干扰当前的机器人技术，甚至令其报废，但效果因机器人的防御能力而异。

- **利用生化人反击**

生化人虽未身经百战，但其视听能力、数据收集处理能力以及武器系统都极为强大，远超目前人类的单兵作战能力。植入了计算机的人类虽不是机器人，但能力大为增强，搭配无人机（单机或集群）作战，可作为最后一道防线。不过，植入嵌合技术也易遭到机器人或其AI“大脑”的攻击。

专业提示

- 事实证明，携带烈性炸药的无人机是对付装甲部队和机械化步兵强有力的武器。
- 具备自我修正能力的微型无人机，如若携带射弹或烈性炸药，集群作战，蜂拥而上，可称得上所向披靡，势不可当，故而被称作屠戮机器。
- 月球或火星是人类最后的退路，迫不得已之时可能需要撤离地球，退守地外基地。（不过，星际旅行技术本身也易受AI攻击）。

如何令机器人瘫痪

1 切断动力

机器人都需要依赖某种能源提供动力：电能是主要动力，少部分依靠汽油、柴油或太阳能。找到动力源，切断动力供应线路或直接将动力摧毁。动力源很可能位于机器人的胸部或中腔。

2 拆除机器人的推进系统

即便静止不动，大多数机器人也有运动部件。检查液压缸，切断连接线路，拆除齿轮，或破坏关键部位（手、腿、臂）的关节，令机器人丧失运动能力。在工厂工作的大型机器人可能相当牢固，需要借助工具（扳手、钳子等）才能拆卸。

3 用沙子或金属阻碍机器人运动

往机器人的活动部件扔沙子，这样做可能无法彻底令其毁坏，但能减慢它的运动速度。小钢珠也能破坏运动部件。

4 用煤焦油

煤焦油具有黏性，干后会变得很硬。目前很少有

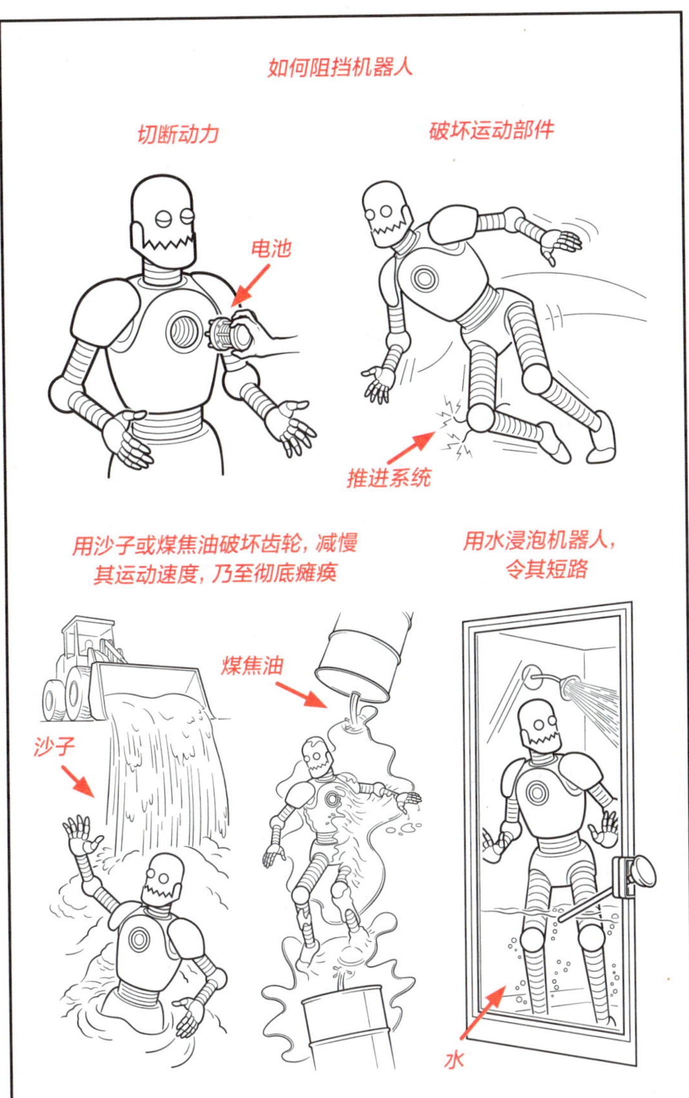
如何阻挡机器人
切断动力
电池
破坏运动部件
推进系统
用沙子或煤焦油破坏齿轮，减慢
其运动速度，乃至彻底瘫痪
煤焦油
沙子
用水浸泡机器人，
令其短路
水

机器人能在被施以煤焦油酷刑后毫发无伤。当然，倒也不必给它粘上羽毛。

5 浸泡机器人

目前的机器人几乎都不能完全防水。用水管朝机器人喷水，或诱其进入水池。也可往水中加入盐，利用盐的腐蚀性加强破坏。

专业提示

- 摧毁小型飞行机器人（无人机）绝非易事，除非你能接近人类操作员。但已有猛禽攻击四旋翼无人机的案例，因此，可随身携带一只鹰或隼。
- 目前机器人的爬楼能力较为薄弱，上下楼梯易绊倒摔落。但技术革新十分迅速，短期内即可克服这一障碍。

如何打败机器狗

军事化机器狗由钢或钛制成，十分坚固，棍棒、石头和小口径武器都无法将其击倒。同时，它们具有完全防水或高度防水性能，浸水可能也无法伤其分毫。遭遇机器狗追踪或攻击时可采取以下应对方法：

- **让机器狗失去行动能力**

从上方向机器狗扔厚网兜，缠缚其四肢。待其无法行动，则喷射黏性泡沫。

- **爬梯逃离**

机器狗可以爬楼梯，在多石或不平的地面也能行走自如，但不太可能会爬梯子。攀着高高的梯子爬上屋顶，再沿屋顶行进。

- **用强光或频闪干扰激光雷达**

机器狗很可能综合调用激光雷达、标准雷达和摄像头导航。可用致盲炫光武器（如有）或简单的频闪器发射闪光，令其不辨方向甚至短暂失明。信号干扰器也有可能奏效。请注意，机器狗会配备多个导航系统，其中一个受到干扰，未必能瓦解其防御能力。

- **用照明弹或热能干扰红外传感器**

先进的军事化机器狗极可能使用红外传感器探测热差，从而确定你的位置。投掷照明弹或使用固定火力，诱骗并摧毁机器狗，或掩藏你的真实位置。若被困屋内，则调高室温隐藏自己。

- **将机器狗引到海滩上**

在海滩上，机器狗四肢容易深陷沙子中，执行追击任务会受到阻碍——至少前进速度会变慢，将其引到海滩上，可为你赢得逃跑的时间。虽然水不太可能对机器狗产生致命影响，但它们应当游得不快，在水中浮力也小，可趁机游到安全的地方。

专业提示

- 机器狗的关节可对人类的手掌和手指造成巨大损伤，应注意远离。
- 对于非完全自主的机器狗，可网购Wi-Fi信号屏蔽器，中断远程操控者传送的信号，从而令机器狗瘫痪。

洪水肆虐如何逃生

在海平面上升中求生

即使未来80年碳排放量急剧下降，海平面仍将继续上升。预计到2100年，海平面会上升0.3至0.6米，风暴潮的破坏力将大大增加。届时高风险地区或将被保险公司除外承保，或保费高到令人却步，受灾严重的地区可能会被海洋淹没。

1 做好防洪准备

在大多数地区，应储备两到三天的应急物资，沿海地区则建议储备一周或以上的物资。物资应包括瓶装水、净水片、罐装食品、带电池收音机、野营炉和足够的燃料、手电筒以及防水布或帐篷。准备一艘小船也有助于撤离。

2 评估危险

虽然沿海地区可能会被淹没，但若基础设施仍然存在，海岸附近地区或仍可生存，海岸线1.6千米范围内则是高危地区，可能会被摧毁殆尽！

3 留意冰山

如果冰川大规模融化，冰原坍塌，落入海洋，将对人类造成灾难性影响。冰川崩塌，形成数十万米宽的大冰山，冰山会再度碎裂成小块，随洋流漂游全球。这些冰山碎块可能在几个月或一年内融化，将海平面抬升数厘米，仅南极洲的冰川就足以令全球海平面上升约60米（格陵兰岛的冰川则较少）。如果看到冰山，赶快转移到安全地区！

在超级风暴中求生

1 关注气象预报

天气预报通常能够预测哪些地区有雨，但对于降雨量的预测准确性较低。注意“洪水预警”“强风暴预警”等用语，天气预报中出现这些词语，意味着危险天气即将来临，要做好防范准备。

2 听风

大暴雨通常伴有强风，听起来像喷气发动机或货运列车发出的声音。

3 留意空中的各种碎片

强风会急速卷起各种物体，又重重抛下。可能直直卷起又直直抛下，也可能打着转卷起抛下，形式多变，但总归会造成破坏。

4 转移到较高楼层

超级风暴肆虐之时，下水道不堪重负，洪水可能来得毫无预警，或者极少预警，极短时间内将地下室和楼房低层淹没。转移到高楼层室内躲避，注意远离窗户。

5 求助

如果怀疑即将暴发洪水，请拨打紧急电话（110或119）并报告你所在的位置，以便条件允许后，救援人员可锁定目标及时搜救。

6 如果接到命令，立即撤离

在风暴中想要驾车撤离可能极其困难，甚至根本无法行车，且有被洪水冲走的危险。快速做出判断，一旦认为你所在的位置将会被洪水淹没，应马上撤离，转移到地势较高的地方。

野火蔓延如何求生

在野火中，已经燃烧过的区域往往最为安全，消防员称之为“黑色区域”。如果你已身处黑色区域，请慎重考虑离开，尤其当你考虑进入有未燃烧植被（也称为“野火的燃料”）的区域，更需万分谨慎。如果迫不得已必须离开，可采取以下步骤。

1 确定风向

仔细观察烟雾吹向何方。尽量往高处看，高处烟雾方向受地形或地面高热的影响较小。仔细观察火场上方的烟柱是否有强烈的旋涡，若有，则表明可能会形成大型飞火或火旋风。火旋风一旦形成，可能偏离主要火势独立移动蔓延，并在旋风的加持下破坏力大增。

2 勘查坡度走向

尽可能向下坡转移。野火猛烈燃烧产生热气团，热气团上升，越是上坡处，火势蔓延越快，温度也越高，因此，高处更易被点燃，也更危险。山谷地区湿度大，且山谷植被可燃性相对较低。

3 寻找防火道

逃生途中，注意寻找防火道：铺设好的道路或砾石路、开阔的草地、已砍伐的区域、通行道（循电线寻找）、有巨石的区域、水体。在救援到达之前，这些区域可供暂时掩蔽，避免高温灼伤和火焰烧伤。露出地表的巨大岩石可供拦挡火势散发的热量。消防员徒步前往火线时，要注意四点：观察火情、保持通信畅通、寻找逃生路线、寻找安全区。有时，最佳逃生路线可能是你已走过的路线。

4 待在低洼处

相较暴露在外的山丘和山脊，湿度较大的低洼地区更为安全。

5 迅速逃离

随风势或往山上蔓延的野火移动得极快，比人全速奔跑还要快上很多倍，因此最好驾车逃离。如果没有车辆而只能徒步逃离，可用干燥衣物遮住裸露的皮肤，以防被野火追上而无任何东西抵御；同时寻找一

上坡处的植被干燥易燃，野火
倾向于向高处蔓延
向低处逃生。低洼地区（山谷
和河流）湿度大，可在一定程
度上阻遏燃烧

条安全的路径，穿过火势前线，进入已燃烧过的黑色区域。随身携带救生工具，如水壶、小铲子或清理碎屑的工具，以及导航和通信设备，其余不必要的装备或个人物品统统扔掉。

6 挖防火沟

如果被野火围困且无路可逃，找到周围地面的凹陷处，在斜坡侧挖一个洞，再铺上油布或毯子，盖上泥土，然后钻到油布下面爬进洞里。也可以挖一条0.3至0.9米深的壕沟，躺进去，双脚朝向火焰的方向，再用土盖住自己，留一个透气孔，静等大火从上面蹿过去。顺山坡而下的沟壑或滑道易将热空气和火势往山上引导，切勿将其作为可避险的壕沟。

专业提示

- 不要用湿布捂住嘴：野火令空气温度陡增，可能导致呼吸困难甚至无法呼吸，但干空气对肺部的危害要小于湿空气。
- 野火中离地面最近的空气最为凉爽。万一被困且情况危急，需在几秒钟内做出反应，可在地上挖出一个小凹坑，将脸朝下趴在凹坑上，让鼻子有呼吸的空间，双脚朝向大火烧来的方向，并用大衣或其余衣物盖住背部。

野火中如何保全家园

1 选择靠近消防栓的地点

购房时如有选择，选址尽可能靠近消防栓。这些地方不仅水压最高，而且为确保消防设备的安全，周边区域也会得到消防员的密切关注。

2 屋顶使用A级防火材料

大多数火灾都是通过余烬蔓延的，而余烬在随风飘散时往往会首先落在屋顶上。常见的A级防火材料都经过严格的耐火试验，购买时请注意识别。

3 保持屋顶清洁

定期清理屋顶和排水沟，清除树叶、树枝等可燃物。将周围的树枝砍到离屋顶至少3米远。

4 清除灌木丛

及时清除干燥或枯死的植被。保证房屋外围至少3米范围内无可燃物品，范围越大则越安全。不要种植桉树等极易燃烧的草木。粗树干可能较细树干燃烧时间更长，燃烧持续时间视气候条件而定。

5 盖住所有通风口

余烬可能会通过敞开的通风口，如烟囱等进入室内。用金属盖或金属网封住所有通向室内的开口。

6 拆除或更换木围栏

如果邻里两家房屋以木围栏为界，又因木围栏相连，同时木围栏也连通着房屋内外，发生火灾时，大火会沿着木围栏蔓延。用高阻燃性的防火材料替换木围栏，尤其是与房屋直接相连的围栏。

7 不要用木质护墙板

木墙板极易燃烧。房屋外墙应采用耐火材料，如砖或砌块、灰泥等。

8 注意燃料安全

如果你的房子使用丙烷燃料，一定要远离火源和热源，并确保储存场所具有良好的通风条件。将带燃料罐的烧烤架放到室外，离房屋远远的。

9 汽车远离房屋

将汽车，尤其电车，停远一些，至少离房屋9米。若被点燃，汽车电池可能会高温燃烧数小时，并殃及整个房子，将房子焚烧殆尽。

10 关闭煤气

如果计划撤离，离开前请关紧煤气阀。

专业提示

- 不要妄想用花园水管喷淋屋顶抢救着火的房子。
- 将洒水器打开并不能降低燃烧风险，反而只会浪费水，妨碍消防员扑救。
- 双层玻璃较单层玻璃更为耐热，不容易开裂，建议窗户采用双层玻璃。
- 遭遇野火时，房屋看似只是部分烧毁，实则很可能已被烟雾全部熏毁。

海啸袭来如何逃生

1 观察海洋

海水迅速退去或上涨是海啸即将来临的信号。地震后，沿岸海水可能会大幅退去，露出光裸的海底。

2 注意地面的震动

地震和火山爆发并不总是会引发海啸，但在沿海地区则几乎成为必然，应随时做好应对准备。并非所有的沿海地区都安装了海啸预警浮标，即便有，也有可能失灵。海啸可能会比地震波晚几分钟到几个小时到达陆地，如果感觉到地面震动，请即刻撤离。

3 倾听海浪的轰鸣

持续的巨大轰鸣声——有时听着像货运火车的呼啸声——表明海浪正从深海涌入浅海。然而，远远看去，可能难以看出如何风高浪急，但万不可掉以轻心——海浪会顺着海岸线的地形迅速堆高，入口狭窄的海湾尤甚。如果已经能看到海浪逼近，不要幻想能跑赢它。

4 立即寻找地势较高的地方

一路前行，边撤离边寻找高出海平面至少9米的地势高处——海拔9米为绝对最低安全高度。尽可能向内陆转移，离海越远越好。记住：如果你能看到海浪，极有可能已无路逃生。

5 远离所有水岸

海湾、溪流和江河可能会迅速上涨，注意远离。

6 转移到高楼层

如果住在海边的高层酒店或公寓楼，又无法前往远离海岸的高地，可以向上转移到大楼的高层。比起堵在疏散通道寸步难行，爬到钢筋混凝土结构的三楼（或以上楼层）躲避可能要更安全。选择避险的建筑物，最好是其最长的一面与海岸垂直而非平行。

7 上车并系好安全带

如果实在别无选择，躲进汽车里，系好安全带，关紧车窗。汽车会被海浪卷起，但汽车钢架可以抵挡海水裹挟着的各种杂物的伤害，尽管这种保护十分短暂且有限。汽车可能会被冲走，并随海水漂浮，直至车窗被击穿。

8 避开建筑物、桥梁和电线

主震之后可能还会发生余震，并进一步加剧破坏。因此，尽量远离任何可能掉落的物体。

专业提示

- 海啸发生时，会有一系列海啸波席卷而来，而第一个波浪可能不是最大的。
- 海啸会沿江河溪流退去，重新汇入海洋。
- 海啸造成的洪水可向内陆蔓延300米或以上，将大片土地吞噬，海水退去后只留遍地碎石残骸。

超级火山爆发如何逃生

1 立即捂住口鼻

如遇火山灰沉降，戴上N95或过滤效率相近的口罩或防毒面具，防止吸入火山灰。如果没有口罩，可用衣服捂住口鼻。

2 撤离危险地区

如果接到撤离指示，请务必撤离。超级火山（能够引发大规模爆发的火山）一旦爆发，破坏力巨大，波及范围可达方圆数十或数百千米。

3 驾车或快速跑离

岩石碎片、火山灰、浮石和热气体混合而成的火山碎屑流会以极快的速度向低处流动，因此，尽量选择驾车逃生。遭遇熔岩流时，如果道路堵塞无法通车，可快速跑离，因为熔岩流移动速度较慢。熔岩和碎屑从火山口喷射而出时，会将山谷和洼地填满，逃生时应避开这些地方。

4 避开落石

火山爆发时，岩浆喷射而出，冷却后变成火山岩（浮石）落回地面。如果看到落石，请躲进室内避险。在离火山较近的地方，落下的岩石可能巨大且灼热。为防被击中，应抬头观察落石袭来的方向，及时避开。

5 躲避酸雨的侵袭

二氧化硫可能会沿火山灰柱上升，与云层结合，形成酸雨降落地面。雨中酸的浓度很低，不会灼伤皮肤，但会令植被枯死、土壤酸化，火山周围数百平方千米可能变成寸草不生的死亡地带。

6 寻找避难所

如果无法安全撤离，则破釜沉舟躲进室内，将浴缸注满水，关紧所有门窗，关闭空调。若有，打开空气净化器。火山灰重量很大，与空气中的水混合后，重量更是堪比水泥，如其大量掉落，可能将屋顶压塌。

专业提示

- 超级火山单次可喷出1000立方千米的喷出物，可装满约300亿个海运集装箱，是1980年圣海伦斯火山大爆发喷出物的近400倍。
- 根据喷发物质的数量和火山灰羽流的高度，超级火山爆发可能导致全球范围持续数年的气候变化，造成气候变冷，农作物歉收。
- 在火山喷发的时间序列中，相邻两次喷发可能连续发生，也可能相隔数周、数月甚至数年。
- 地球历史上曾发生过无数次超级火山爆发，但没有哪一次导致了全球物种灭绝。
- 注意地面运动和地震、气体排放等危险信号。火山爆发从来不会毫无征兆，但如无全面监测，有些征兆可能会被忽视遗漏。火山爆发的迹象可能会在数周、数月甚至数年前就已出现。留意地面运动、地震、气体排放、地面温度变化，乃至湖泊形成（或干涸）等超出正常范围的变化。

小行星撞击地球如何求生

当小行星小而近时

1 关注新闻报道或天文台发布的消息，获取来袭小行星的大致尺寸信息

直径小于45米的小行星进入地球大气层经常毫无或绝少预警，但你可以看到它们划过天空的白色轨迹。小行星不会造成全球性的破坏，但坠落点不同，也可能带来不同的危险。

2 除非接到指示，否则不必撤离

只有提前数小时或数天发现小行星来袭，才有可能发出撤离指令，就像飓风或龙卷风预警一样。小行星一般不能提前预警，因此很可能没有足够的时间撤离。就地掩避即可。

3 远离窗户

看到小行星燃烧着划过天空时，要克制住立即跑到窗前欣赏“光影表演”的冲动。即便是未直接撞击地表的空爆小行星，其冲击波也能震碎窗户，并可能

蹲伏在坚固厚重的桌子底下，注意远离窗户。不要惊慌

损坏半径为数十千米的坚固结构物体，具体危害程度取决于小行星的大小和成分。为避免被玻璃碎片溅射击伤，请迅速远离窗户。如果身处室外，请转移至空旷处，远离可能倒塌的建筑物。

4 逃往地下室躲避

若有地下室，迅速转移至地下室避险。若没有地下室，则进入无窗的室内房间躲避。

5 蹲在坚实厚重的桌子下

双膝跪地，把头埋进大腿之间，闭上眼睛。用手捂住耳朵，降低爆炸冲击波对耳膜的伤害。根据空爆或撞击的大小、位置以及距离的不同，你可能在听到声音之前，先感觉到热辐射以及地震冲击波。如果小行星直接撞击地表，桌子也于事无补，但如果物体掉落或天花板因震动而坍塌，桌子可以提供一些保护。在确定安全之前，不要冒险外出。

当小行星大且远时

1 保持镇定

较大的小行星（直径在几百米到几千米之间），也很可能在撞击地球前几个月或几年被卫星发现。在撤离预测撞击区域前，你应该有时间做详细的规划。

2 大致确定爆炸半径

进入大气层的大型小行星或彗星所造成的伤亡及破坏受许多因素影响：天体的大小、成分（岩石或铁，彗星的冰）、速度和进入大气层时的撞击角，以及撞击地点，实际撞击与否或只是空爆。举几个例子：

- **一颗直径300米的致密岩石小行星**以45度角进入大气层——这也是小行星典型的撞击角度——以平均速度飞行并撞击陆地，会形成一个6.4千米宽的陨石坑，爆炸出直径4.8千米的火球，引发7.0级地震以及大规模火灾；**陨石坑边缘向外延伸16千米**范围内的建筑物、桥梁及其他基础设施也将悉数倒塌损毁。
- **直径1600米的铁质小行星**撞击陆地，会摧毁**距离撞击点数百千米**范围内的建筑物和基础设施，但可能不会对全球造成长期影响。
- **直径8千米的铁质小行星**撞击陆地，将引发10.0级左右的地震，**比人类历史上有记录的任何地震都要强烈**。
- **直径40千米的岩石小行星**可撞击出800千米宽的陨石坑，**对全球产生影响**，并可能导致数百万人死亡。据推测，曾经撞击现今的墨西哥尤卡坦半岛附近海洋并导致恐龙灭绝的小行星直径约为12千米。撞击掀起的厚重尘埃进入大气层，遮挡阳光，植物大量死亡、野火蔓延、海啸肆虐以及臭氧层消耗，诸多因素交杂，最终导致恐龙灭绝。

3 不要对撤离期望过高

如果能提前数年监测并预警中型小行星的袭击，或可通过大规模疏散减少撞击区域的人员伤亡。（当然，基础设施会被悉数摧毁。）然而，较大的小行星可以轻易将一个小国夷为平地，此时，即使预警充分，撤离也不切实际。

4 制订迁居计划

在预测撞击发生前，带着家人将财物重新安置。置办的房产应尽可能远离预计撞击地点，同时避开海岸线、洪涝灾害易发的低洼地区、断层线或地震带。如果有条件，将新家建在基岩上。

5 静观其变

小行星愈接近地球，我们对其监测时间愈长，也愈能获得小行星精确的轨道数据，结果最有可能的是，对方只是跟地球擦了个肩，危险解除，有惊无险。

6 关注将小行星推离预测轨道的消息

如果可能发生小行星撞击事件，有关部门会远在其威胁地球前，早早地综合运用撞击、爆炸、重力牵引等方法，尝试改变小行星在太空的运行轨迹。日积月累，这些微小的推力可能令其轻微偏离预测轨道，最终与地球擦肩而过。密切关注人类干预的进展，同时也要做好最坏的打算。

7 提前安置

小行星撞击前的最后几周到几个月内，社会秩序会变得混乱，人们会大规模迁移，资源紧张，边境关闭。安全起见，要提前至少六个月搬到新家。（危险解除后，你可以随时搬回来。）

8 做好数月或数年过简朴生活的准备

大规模小行星撞击会影响全球气候，令粮食供应短缺。准备好包括种子在内的应急物资，详见第12页“如何准备掩体”和第155页“如何种植生存菜园”。

专业提示

- 一般而言，小行星撞击陆地会形成巨大的陨石坑，陨石坑的直径约为小行星的20倍。
- 彗星的构成物质大多为冰、尘埃、岩石或金属，但飞行速度通常为小行星的两到三倍，因而彗星撞击的破坏力可能更甚于小行星。

- 研究表明，完全相同的小行星，撞击陆地造成的人员伤亡大约要比撞击海洋大一个数量级。地球表面约有70%被水覆盖，因而小行星撞击海洋的概率更大。

大流行病再度肆虐时如何应对

- **了解风险因素**

需要面对面密切接触的工作，尤其是医疗护理工作，比远程工作风险更高。若你的工作需要与人密切接触，可考虑换一份能保持安全社交距离或实行弹性办公的工作。若从事高风险工作，请与管理层商讨应对大流行病的战略预案，并制定详细应对计划。

- **随身携带口罩**

各种流行病毒中，呼吸道病原体传播最为广泛。因此，为自己和家人准备一定数量的三层外科口罩或N95（或同等过滤效率的）口罩。

- **更新网络设备及技术**

为每位学龄及以上的家庭成员配备电脑设备（台式或笔记本电脑、电话、网络摄像头），并接入互联网，方便远程办公及学习。如果你的设备已使用五年以上，可以考虑更新换代。

- **购买空气净化器**

高效空气过滤器可加速空气循环，并吸附过滤包括病原体在内的空气污染物。至少在室内准备一到两台，并各配备一套替换滤网。空气净化器平常看着不稀罕，但在流行病和野火高发季节，价格往往会大幅上涨，且供不应求，最好提前准备着。

- **储备但不囤积物资**

大多数主要消费品（尤其是食品）不太可能长期断供。日常生活用品储备30到60天的量即可，亦可储备一些可长期保存的物品（如卫生纸、罐头食品、谷物、肥皂、洗衣液、洗发水等），以减少往返商店和其他人流密集的地点的次数。如非绝对必要，且有安全的存放地点，不要储存燃料和其他可燃材料。

- **制订隔离计划**

研究住所的布局，划分出适合用于隔离感染者的区域，可以是地下室、带浴室的闲置卧室或车库公寓等独立建筑。隔离区应有良好的通风条件。

- **保持开放心态，接受科学指导**

病原体及其大流行复杂多变，应以科学为指导制定应对方案，而科学可能滞后于病毒传播。因此，头脑应保持灵活开放，根据情况变化以及研究进展变通应对。

- **避免接触病人**

致命的病毒与大多数普通病毒（如普通感冒病毒）引起的症状通常极其相似：打喷嚏、咳嗽、流鼻涕。肉眼无法分辨，不如将有类似症状者统统归为危险人群，敬而远之，以求稳妥。

- **减少接触家庭外人员**

传染性呼吸道病毒在无症状或感染前期，传播范围极广，速度极快，因而尤其危险。对此类病毒的研究尚未明晰前，减少与家庭外人员的密切接触。

- **减少与他人接触，尤其避免在室内接触**

病毒易在密切接触的人群中迅速传播。如果室内空气流通不畅，或无法与外界交换新鲜空气，空气中病毒的含量会更高，因而尤为危险。若非万不得已，不要进入密闭的室内空间。

- **避开医疗护理机构**

假定医院里所有人都是感染者，如无必要，不要出入这些场所。

- **追踪排查潜在感染者**

在已暴露但不知情的人群中，病毒会快速广泛传播。一旦你受到或可能受到感染，请立即告知所有与你密切接触者，警示其留意观察有无感染症状，并及时采取隔离防护措施。

- **经常接受病毒检测**

检测是预防病毒的有效措施；病毒检测可让人们审慎其行为，从而减少传播。如果你已出现症状或认为自己已暴露于病毒中，请尽快接受病毒检测，或在病毒传播轨迹追踪至你本人时依建议进行检测。

专业提示

- 做好随时隔离的准备。
- 呼吸道病毒在人类中传播性最强，最有可能引发下一次全球大流行病。减少甚至隔绝与他人接触，以减少潜在的传播感染，尤其在大流行爆发的最初几天和几周。

- 人畜共患的呼吸道病毒可由动物传染给人类，尤其是感染前期或无症状感染，不能完全切断传播，只能通过病毒检测、穿戴防护设备以及减少接触降低感染风险。

核灾难爆发如何求生

堆芯熔毁

1 保持冷静

只有在以下两种情况下，核反应堆事故才会造成严重的核辐射危险：一是熔毁发生时你正在核电站工作——而此种情况下，更为直接的危险反而是火灾；二是你直接接触核事故释放的放射性烟羽。

2 原地待命

如未接到撤离指示，原地待命更为安全。比起可能遭受核泄漏辐射的风险，慌乱疏散中发生交通事故的风险反而更大。

3 监控风向

在棍子上系一个塑料袋，竖插在院子里，从窗户观察风向。炸弹或其他蓄意为之的爆炸作用范围可达半径数千米，工业事故释放的辐射则主要通过空气传播，危及范围不似炸弹广泛。放射性烟羽会随风飘散。如果你处在上风处，可安全无虞；即使处在地表的下风向，高空的风也可能吹向别处。如果判断自己会受羽流影响，不要立即撤离，但要做好随时撤离的准备（参阅第2页“如何在30分钟内收拾好应急包”）。政府拥有检测设备，可有效检测放射性粒子的含量，并模拟其方向和影响。

4 进入室内

离反应堆较远的建筑物所受影响微乎其微，甚至不存在。关闭所有门窗，将所有空调调为送风模式[①]，防止外部空气进入室内。如有，请转移到地下室，或转移到远离外墙的室内房间。

5 保护食物

将所有暴露在外的食物都放入冰箱。

6 吃鱼和盐

铀核裂变会产生具有放射性的碘-131。在极少数

译注：①空调的送风模式：非新风空调，送风模式就是内循环，即室内空气循环；新风空调，送风模式也是内循环，但开新风模式时是外循环，即室内外通风。

情况下，烟羽中的放射性碘可能富集在甲状腺上而致病，但总体而言，概率极低。可通过食用鱼（金枪鱼罐头是不错的选择）、咸点心或摄入少量碘盐（四分之一茶匙），给甲状腺补充天然的稳定性碘，令甲状腺碘饱和，防止放射性碘分子附着在甲状腺上。需要注意的是，人们承受巨大压力时血压会升高，而摄入过量的盐则可能雪上加霜。碘化钾（KI）药片通常用于防止甲状腺吸收辐射，但可能引起严重过敏反应。

7 等待指示

收听广播或关注网络信息，获取安全指示。做好随时撤离的准备，但在获知安全去向以及抵达路径前，不要轻举妄动。贸然撤离可能会让人从相对安全的地方直接暴露在放射性烟羽中。

核爆炸

1 不要惊慌

听到爆炸声或看到蘑菇云，并不一定意味着危险在即。在夜间，爆炸可能在数十千米外都能看到，但如果离得较远，可能不会受到破坏性或放射性影响。

2 评估爆炸影响

一枚简易炸弹或地基战术核武器的威力为1万吨当量，其爆炸力和火势可将半径约1.6千米范围全面摧毁。在大约6.4千米范围内，大部分玻璃会震碎，部分建筑物损毁，交通事故频发。巨大闪光还可能导致短暂失明，造成事故，引起恐慌，夜间尤甚。更远的距离，辐射的危害为中到低级，且为暂时性的影响。

3 不要远途撤离

如果受到影响，不要立即全面撤离，因为此时道路可能无法通行，基础设施已遭损毁。贸然撤离可能会让你暴露在放射性羽流中，或在放射性尘埃回降时恰好置身空旷处无处遮蔽。

4 迅速转移至安全地带

在放射性沉降区数千米范围内，在沉降物（实质为放射性沙粒）从蘑菇云回降地面之前，你有5到15分钟的时间转移至安全地点。遵循辐射防护的三个原则：时间、距离和遮蔽。拿上应急包，快速转移到最近的大型建筑物内（最好有地下室、厚墙壁），待在室内躲避。

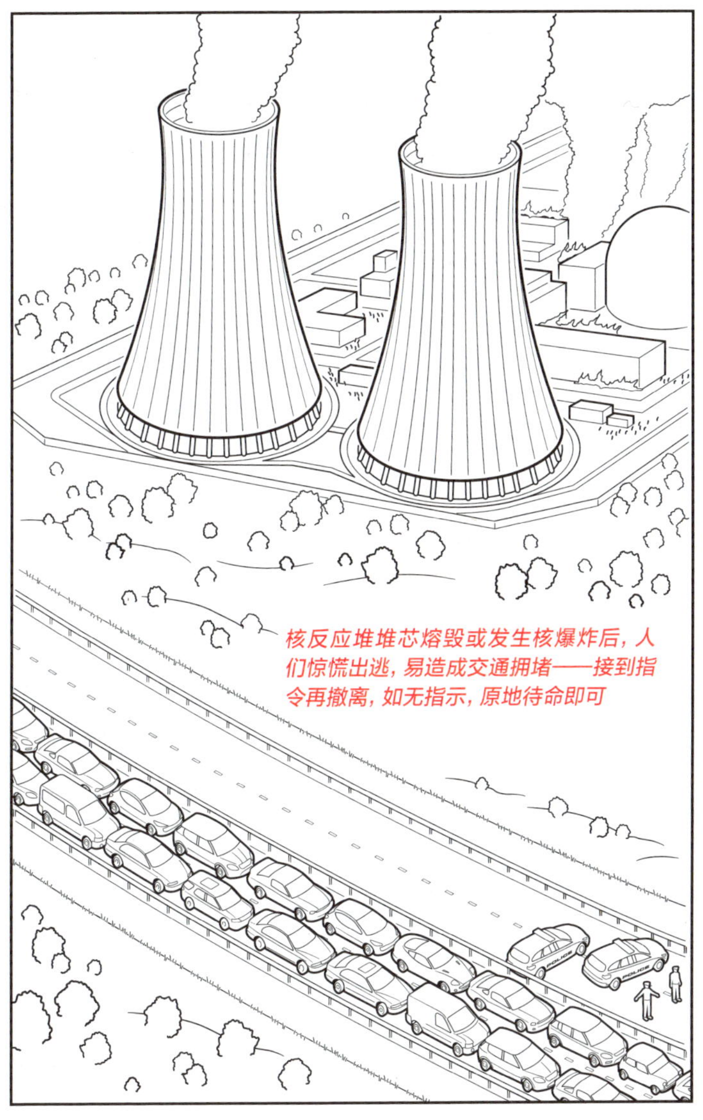
核反应堆堆芯熔毁或发生核爆炸后，人们惊慌出逃，易造成交通拥堵——接到指令再撤离，如无指示，原地待命即可
POLICE
POLICE

5 根据应急计划寻找避难所

所有家庭成员，无论身处何地，都应事先确定离得最近且最大的建筑，一旦发生核爆炸可迅速前往避险。如有，请转移到地下室。相较新建筑物，石质和砖石结构的老式建筑更为坚固，能提供更多庇护。想要减少辐射暴露，请遵循9–9原则：向地下9米深处（约三层楼高）转移，并与所有外墙保持9米的距离。如有可能，识别带有“放射性落尘避难所”标志的建筑物，并在地图应用程序上标注其位置，尽己所能帮助其他人到达安全地点。

6 不要冒险外出

在核爆炸发生后的头7个小时，沉降物放射性极强，危险性极大（请参阅第92页“如何应对放射性沉降物”）。留意收听广播或上网查看新闻，关注安全指示。一天后，放射性活度①将大幅衰减；几天之后，外出有患上中度放射病的风险，但已相对安全许多。

译注：①放射性活度：指处于某一特定能态的放射性核在单位时间内的衰变数。

专业提示

- 虽然核爆炸的物理破坏力比反应堆事故大得多，但一般而言，核爆炸中大多数放射性粒子衰变得更快，因而辐射危害持续时间更短，其主要影响为爆炸本身的破坏力。
- 诸如蓄意在人流密集的封闭区域（如交通枢纽或购物中心）释放辐射等隐蔽的放射性攻击，可能长期难以发现，导致人员伤亡，但不会造成物理破坏。
- 不同于核袭击，脏弹[①]是用常规爆炸物散布放射性物质。这种炸弹可能引起恐慌，但其破坏力及对健康的长期危害可能较低。
- 爆炸发生后应立即进入室内躲避！这一点至关重要！因为一旦暴露吸入放射性微粒（如锶、镭和钚），会积存在骨骼中，终生无法排出。
- 躲在地铁内可能比躲在深层地下室更危险：爆炸波可能令抽水设备失灵，导致隧道被淹。如果不得不在地铁内避难，选择靠近楼梯间的位置，并随时准备在出现淹水迹象时转移到地势较高的地方。
- 小型房屋、活动房屋等类型建筑物在应对放射性沉降物时几乎不能提供任何保护。

译注：①脏弹：放射性炸弹。

如何应对放射性沉降物

1 评估炸弹类型

地面核爆炸会产生大量沉降物，空中核爆炸（空爆弹）产生的沉降物则相对较少。如果你不在空爆弹的初始破坏半径范围内，可能不会面临直接的危险。

2 保持冷静

触地核爆产生放射性沉降物的危险随着与地面零点距离的增加而减小。除非是特别高当量的武器，或处在爆炸1.6千米范围内，否则不太可能受到爆炸的直接威胁。但是，沉降物羽流对顺风方向数千米外的地区仍可能造成危险。

3 监测风向

盛行风（又称最多风向）会将沉降物吹散。如果你位于爆炸地点16千米范围内且处于下风向，可迅速切着风向横向移动，当然，前提是确保条件安全适宜转移。要确定盛行风的风向，可将纸巾撕成小条，抛向头顶，观察纸条飘散的方向。

4 寻找避难所

如果已在室内，就待着别动。如果在室外，则迅速勘察周围的建筑物，找到附近最大、最坚固的建筑，最好是石头、砖或混凝土结构的建筑。关好门窗。避开木结构建筑。

5 转移到地下室

如果没有地下室，则转移到建筑物的中心，尽可能远离建筑物外墙及屋顶。

6 监控辐射水平

辐射无色无味，需要专业设备检测。如果手头有放射量检测仪，则应仔细监测周围环境的辐射水平。每小时100拉德的辐射剂量，一天内导致的辐射中毒

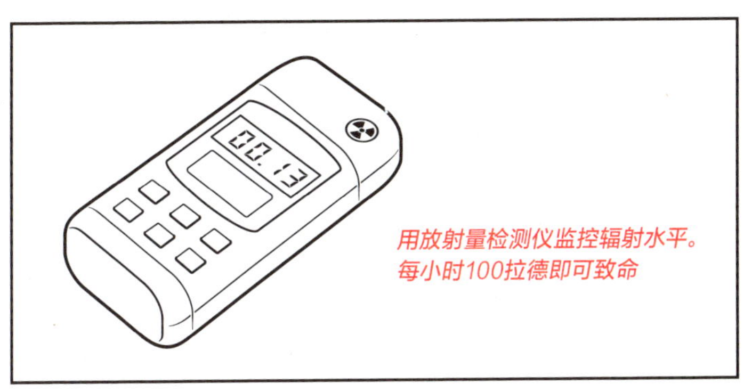

用放射量检测仪监控辐射水平。每小时100拉德即可致命

足可致命。

7 节约用水和食物

少量多餐。如有必要撤离，可能一两天内即需动身，因此没有必要囤积物资。如有需要，可饮用马桶水箱里的水——可没让你喝马桶里的！

8 收听广播，了解情况及应急指示

政府会在数小时内明确袭击性质及应对措施。随时关注最新讯息，以获知何时可以安全外出；如需撤离，亦可了解最佳撤离路线。

专业提示

辐射会随时间衰减。许多放射性粒子的衰变遵循这个法则：7小时后，放射性将衰减到放射性最大值的10%；2天后，衰减到原来的1%；2周后，衰减到原来的0.1%。

如何净化身体及其他物品

1 尽快脱掉外衣

仅这一个简单的动作就能清除75%以上（可能高达90%）的放射性污染。

2 将衣物装袋，放到室外

将脱下的外衣放入一个大塑料袋中，卷好袋口并用胶带封口，然后在外层再套一个塑料袋，同样卷好并用胶带密封。将装袋的衣物放到室外、车库或家中

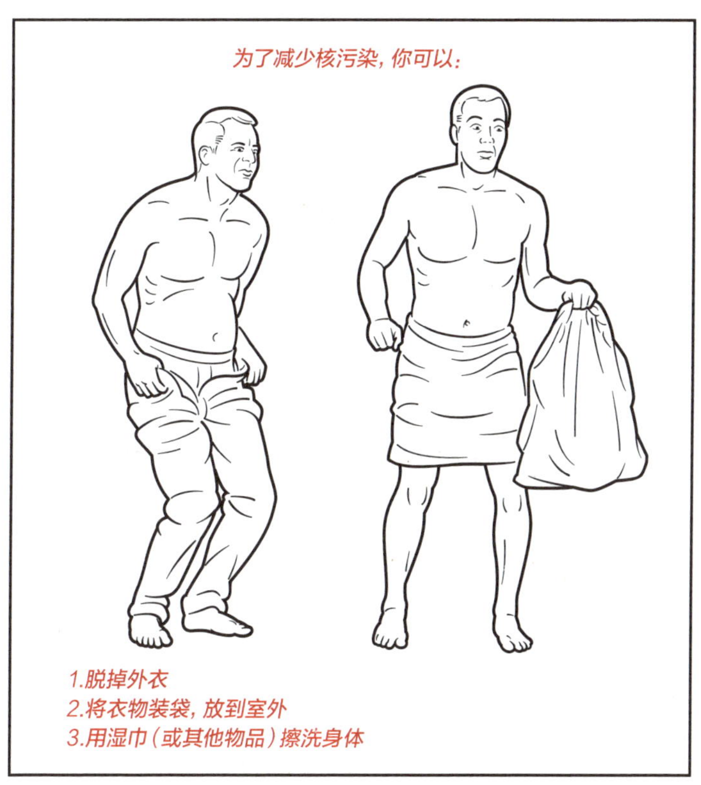

废弃的地方。

3 用湿巾消毒身体

用湿巾擦拭比淋浴更能有效清除皮肤上的污染物。洗头时，用肥皂或洗发水即可，不要用护发素——护发素会将污染物锁在头发里。

4 给宠物消毒

在浴缸中或塑料布上为宠物洗澡，以减少污染扩散。先用水打湿毛发，再打上宠物香波（同样，不要用护发素），然后冲洗干净。为防宠物将污染物自行抖落，造成污染扩散，最好在封闭的淋浴间或浴帘后清洗宠物。操作时戴上橡胶手套。

专业提示

此时切勿给宠物剃毛：剃刀可能无意划伤或割伤皮肤，从而令宠物血液被污染物感染。

在浴缸里洗刷或擦拭宠物，
然后冲洗干净

劫后余生

如何确定安全与否

1 检查有无有毒气体

除了有些毒素——特别是神经性毒剂——没有气味，许多危险的化学液体和气体都有气味。如果闻到漂白剂（氯）、硫黄或臭鸡蛋（硫化氢）、下水道或猫尿（氨）的气味，则附近可能存在有毒气体。

2 警惕爆炸

爆炸和浓黑烟是显而易见的危险信号，但附近未必就一定有人员伤亡。

3 监控风向

气体和放射性微粒会随风飘散。但高空气流也可能不同于地面风向，如果你处于危险区域且位于上风向，并不意味着一定安全，情况可能迅速恶化。

4 查看有无野生动物尸体

鸟类对毒气高度敏感，一旦空气中毒素稍高，会很快死亡。如果看到鸽子、麻雀或其他常见鸟类飞到

外出前，应先确定是否安全。野生动物尸体、应急车辆和烟雾都表明外出有危险，应留在原地

半途从空中坠落，或在地面发现鸟类尸体，情况很可能对人类不利。松鼠等陆地哺乳动物对化学制剂也极为敏感，接触后很快致死。生物制剂则需要更长时间才能发挥作用，动物感染后可能不会立即死亡。中低剂量的辐射可能不会对人或动物造成直接影响。

5 查看是否有紧急救援人员

如果看到救援人员，或听见他们的声音，则可安全露头，配合救援。如未见鸣笛行驶的急救车辆，表明急救人员可能已倒在毒气中。某些化学爆炸可能大量消耗空气中的氧气，导致车辆无法启动。

专业提示

虽然装在鸟笼里的金丝雀对检测某些气体是否泄漏极为有效（如一氧化碳），但如果你携带的鸟因毒气致死，你可能也难逃厄运。

如何制作应急空气净化器

1 购买方形风扇

房间越大，风扇应越大。对于小房间来说，50厘米的标准风扇足矣，大房间则需要更大尺寸的风扇。拔掉电源插头。

2 配备基本的过滤网

过滤网越大，清洁效果越好。至少要使用最低效率报告值（MERV）为5的壁挂炉过滤网或中央空调过滤网。MERV等级表示过滤器捕捉空气中颗粒物的能力，等级越高，能捕捉的颗粒物越小。等级为16的过滤器可以过滤直径为0.3至1微米的颗粒，等级为6的过滤器只能过滤直径3至10微米的颗粒。

3 加配HEPA过滤网

如果你只有一个低等级的MERV过滤网，则应添置一个高效能空气过滤网。这种空气过滤网理论上可以过滤99.97%的灰尘、花粉、霉菌、细菌以及直径

0.3微米或以上的空气颗粒。

4 将HEPA过滤网粘到风扇背面

用布基胶带将HEPA过滤网沿着风扇的四个边缘粘牢在风扇背面。如果过滤网太小，可取两个，裁剪成大小合适的形状，再将它们拼粘在一起，然后粘贴到风扇上。过滤网应完全覆盖风扇的整个背面。HEPA过滤网上应有气流方向的标识，按其指示操作，确保粘贴方向正确。

5 粘贴MERV过滤网

将MERV过滤网沿边缘粘贴到HEPA过滤网上，如无HEPA过滤网，则直接将MERV过滤网粘贴到风扇上。粘贴平整，完全覆盖风扇背面，不要留有缝隙。如有必要，将两个过滤网裁剪成合适的大小，操作同上。

6 打开风扇

插上电源插头，将风扇打开到最大风速。空气会从风扇背部进入，空气颗粒物则会被过滤网截留。

7 检查气流

将风扇转速调低，如风扇在较低转速下出风量仍充足，则可使用低速模式降低噪音——当然，低速模式出风量较低，过滤效率也更低。

8 定期清理或更换过滤网

使用一段时间后，过滤网会变脏或堵塞，从而降低过滤效率，使用时间视空气中颗粒物的含量而

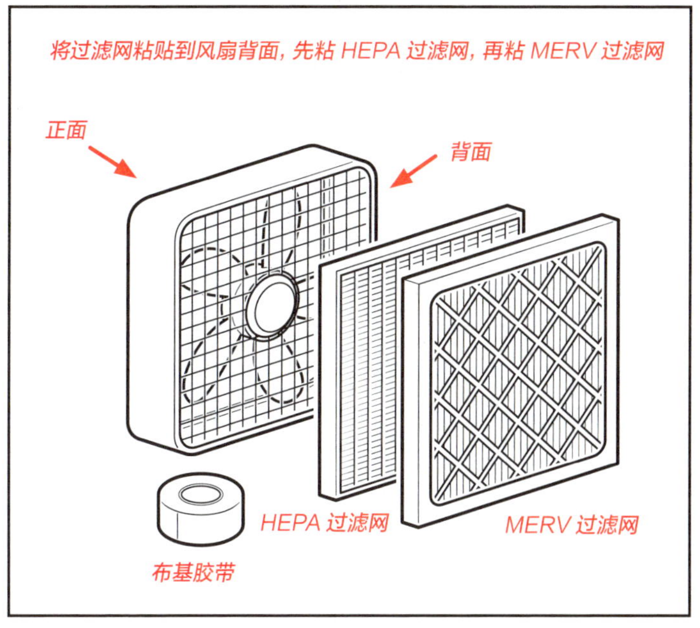

异。HEPA过滤网一旦变灰或变黑，则需丢弃或更换。某些品牌的MERV过滤网（尤其是带金属网的）可重复使用：先用吸尘器吸尘，然后用温肥皂水清洗，最后晾干即可。过滤网材质有开始分解的迹象时，应予以更换。

如何制作应急防毒面具

自带动力的空气净化器或鼓风机式的防护系统易于安装，且不需要严丝合缝地贴合面部——这种贴合既难以实现，又缺乏舒适性，还可能妨碍行动。相反，这种防护系统利用风扇将经过净化的空气吹过头部，能够减少可能吸入的污染物。

1 准备鼓风机

找一个可用电池供电的离心风机或鼓风机，如电脑机箱风扇。风力是重要的考量因素：用两个风扇比只用一个效果更好。

2 添加软管

找一根长1.2米、直径1.9厘米~2.5厘米的无孔塑料管或橡胶管，最好用手术管，园艺用软水管亦可。剪下0.3米长（或更短）的一段，用布基胶带将其粘牢在鼓风机的出风口处。如有必要，可在两者之间加一漏斗连接：漏斗宽的一端连接风扇，窄的一端连接软管。软管越短，气流越好。

3 准备过滤网

找一个金属咖啡罐或其他带螺旋盖的罐子，在罐底剪开或打一个直径2.5厘米的孔，取下螺旋盖。在罐子底部放一小块金属网或厚窗纱，盖住洞口，以封装木炭。从壁挂炉过滤网剪下一小圆块，放在滤网上，防止小颗粒掉出，并吸附灰尘。

4 往罐子里装入炭

开始往罐子里装活性炭或木炭，活性炭在网上很容易买到；如实在无法买到，万不得已可用水族箱过滤器中的活性炭。不要使用烧烤炭或烧焦的木屑。尽量将炭装得密实：慢慢填入炭，然后摇晃罐子压缩空隙，使其沉淀平实。重复上述步骤。罐子装满后，用一把大勺子或其他大小合适的工具将炭进一步压实。在填满炭的罐子顶部添加一个过滤网，再用一块金属网或厚窗纱封口。

5 安装漏斗和过滤器

找一个漏斗，要求漏斗的窄端可以装入软管，宽端可以装入过滤罐。用胶带将软管从鼓风机连接到窄端，将窄端压入漏斗。再找一个N95口罩，将漏斗的宽端及其N95过滤网面粘贴到罐子底部。

6 将管子固定在顶部

在螺旋盖上开一个孔，插入另一段较长的软管，并用胶带固定。将盖子固定在过滤器（罐子）上，用胶带将所有缝隙密封严实。

7 测试风扇

打开风扇，将风速开到最大。风扇会将空气吸入，穿过第一段管子和N95过滤网面，再流经罐子，被活性炭净化，然后顺着较长的软管流出——你应该可以感觉到空气从软管流出，如果感觉不到，请检查是否存在泄漏。如果气流量不够大，可能需要增加一个功率更大的鼓风机。

8 制作一个头套

找一个厚塑料袋，大小要能盖住头部并可触及肩膀。用剪刀将塑料袋位于脸部的位置剪掉，再用布基胶带在缺口处粘一块透明塑料（可从3升装的汽水瓶子上剪一块），如此便可以视物了。透明塑料和袋子必须粘贴密实，不能有缝隙。

9 连接软管

在头套背面与脖颈顶部齐平的位置开一个小孔，将软管另一端插入，然后用胶带密封。将风扇和过滤器固定在腰带的支架上或手持携带。

10 测试气流

系统制作完成后，打开鼓风机。将头套放在桌子上，展放平整，然后将开口尽可能系紧。检查袋子是否能在3秒内充气膨胀到最大，若不能，则需要增大鼓风机的功率。

11 戴上头套，并固定在脖子上

将头套调整到合适的位置，让你能透过塑料窗口视物。用绳子或松紧带将头套松松地系在脖子上。头套应该松紧适度，既要适当固定不发生位移，又不能太紧贴脖子，以免空气无法流出。

12 再次测试

打开风扇，脏空气将被风扇吸入，流经过滤器，得到净化，然后从软管流入头套，最后从颈部开口流出。

专业提示

- 如风扇失灵，上述滤毒头套的保护作用即失效，应立即移除。
- 普通活性炭可以过滤有机蒸气，但并非所有毒剂、气体、生物武器或放射性沉降物都能过滤。
- 如果时间允许，应购置带有集成P100①过滤功能的多气体滤芯的面罩。
- 没有护眼装置的防毒面具不能保护眼睛免受刺激性、有毒气体或微粒的伤害。
- 过滤器只能净化空气，而不能制造氧气。

如何应对催泪瓦斯

1 迅速勘察周围环境

催泪瓦斯释放时，会与空气混合，并在周围空间形成有毒云雾。如果怀疑可能释放催泪瓦斯，请尽可能多地记住周围环境，寻找附近安全出口的位置及逃

译注：①P100：美国国家职业安全卫生研究所（NIOSH）依据防护对象不同将口罩标准分为N、R、P三大类，N表示可以防护非油性颗粒，R、P则表示可以防护油性颗粒，这三大类各有三种过滤效能标准，即95（95%）、99（99%）、100（99.97%），因此共九种口罩。

生路线，如开阔的街道和固定障碍物的位置，包括停放的汽车、路灯和护栏、警戒线等，以便在被毒气暂时致盲后能顺利找到路线逃生。

2 保持冷静

催泪瓦斯可能会令人暂时失明，但造成严重或永久性伤害的可能性不大，与恐慌的人群、固定障碍物发生碰撞受伤的可能性反而更大。

3 保护面部和呼吸道

立即闭上眼睛，用衣服、布帽、袋子或双手捂住鼻子和眼睛。(为此可随身带一条手帕或围巾。使用前用柠檬汁或可口可乐浸泡布料，可减轻接触催泪瓦斯的疼痛感。）

4 迅速转移

找到最近的出口通道或未被击中的空旷地带。催泪瓦斯会随风散播，因此应避免顺风逃生，而是逆风或横向奔跑以躲避毒气云，如有可能，跑到海拔较高的地方。催泪瓦斯可在空气中滞留数小时，极少数情况下可滞留数天，不要认为过段时间就安全了。

5 保持闭眼

在有清凉的水冲洗前，不要轻易睁开眼睛。逃离毒气后，将防护的衣物（或手）从脸上移开，以减少接触可能聚集其上的气体。

6 冲洗

用清水冲洗眼睛和呼吸道，清除脸上的化学物质。将所有接触过催泪瓦斯的衣物丢弃或清洗干净。

专业提示

- 催泪瓦斯虽名为瓦斯，但并非真正的气体。催泪瓦斯所含的化学物质是固体，释放后通常分散在空气中。这些化学物质会让人流泪，即使只接触少量催泪瓦斯也会引起其他不适：眼睛灼痛、鼻子疼痛、恶心、胸闷、气短、胃痛以及腹泻。
- 将液体抗酸剂与水以1:1的比例混合，喷入眼睛和口腔（并吞咽），可以缓解催泪瓦斯造成的不适。

如何伺机获取其他工具

1 **确定你（或团队）的需求类型：**

- 食物
- 住所
- 药品/生活用品
- 安全
- 工具

2 **获取车辆**

车辆可能并不容易获得，但如果有，可令你所谋之事事半功倍。

3 **决定确保安全与获取物资何者为先**

这可能取决于灾后的混乱程度。

4 **前往五金店购买必要的工具及用品**

目标是有助于供电、建造永久避难所或屏障、防尘或防污染的物品（如空气过滤器或防毒面具、防护服），或兼具实用与防身功能的物品（如电锯）。

5 去药店购买医疗卫生用品

6 最后一站是食品杂货店——大多数非罐头食品将无法食用，最好自己猎取食物

如何制作狩猎工具

兔子棍

1 砍木头做木棍

用斧头或小刀砍下一段约莫前臂长短、直径3.8厘米的硬木，不必十分笔直。

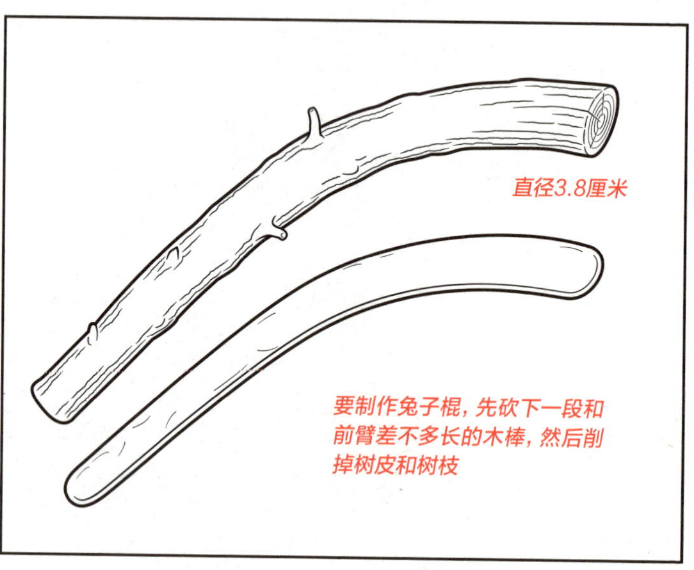

2 去除树皮及树枝

3 练习投掷

兔子棍的攻击范围在3米以内，适用于对付体形较小的目标，可以击晕或猎杀兔子、海狸、鸟类以及其他小型森林动物。

投矛器

1 找一块合适的木头作为投矛器

准备一块扁平的木头，尺寸约为长30厘米、宽3.8厘米、厚1.3厘米。

2 雕刻木头

将木头一端雕琢成称手的手柄，另一端凿出一个缺口或凹槽，用来放置矛杆。

3 制作长矛

找一根长约1.8米~2.4米、直径约1.3厘米的树枝，不必十分笔直。削掉树皮和树枝，再将一端削圆用以投掷，另一头削尖用作攻击，并用火将矛头烘烤至变黑。也可将骨头或石头磨尖，再将其拴紧在长矛末端。

4 用投矛器投掷长矛

握住手柄，将投矛器放在一侧肩膀上，凹槽端朝向身后。在投矛器里安上长矛，矛的后端搁进凹槽。先向前再向下用力挥动手柄，将长矛高速发射出去。

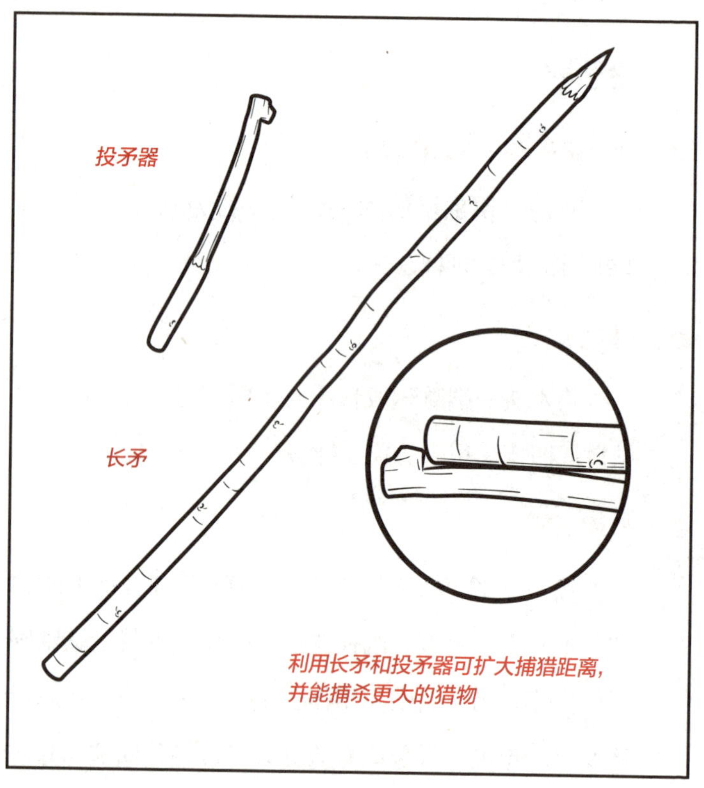

投箭器

澳大利亚的投箭器在设计上与投矛器稍有不同，且主要用于发射箭矢而非长矛，也可用作挖掘棒。

找一块长约30厘米、宽几厘米、厚1.3厘米的扁平木头，即可制作投箭器。制作方法类同投矛器：将一端削成手柄，另一端削成像铁锹一样的尖状，然后在尖状端凿出一个缺口或凹槽。再挑选一块直径0.6厘米~1.3厘米、长1米~2米的木头做成箭头。一支好的投箭器可以轻松将箭矢发射90米~180米远。

专业提示

用加拿大水牛果（拉丁学名：Shepherdia canadensis）的汁液处理矛尖和箭尖，可令被击伤的猎物在几秒内出现过敏性休克反应。水牛果的浆果本身可以食用，是熊的首选食物。人类不喜食乃因其味苦，但只要避开汁液，则可安全食用。

如何清理穿入大腿的长矛或箭矢

1 控制出血

无论长矛有无刺穿身体，都要尽快控制出血。立即用折叠衬衫、厚袜子或其他干净的衣物按压伤口部位，用力但要平稳均匀。如果血液没有喷射而出，表明很可能并未伤到动脉，也就仍有时间求救。出血减缓或停止后，撕下布条，将按压伤口的衣物缠在腿上，然后绑紧——一定要扎紧。尽可能寻求医疗救助。

2 制作止血带

如被箭伤及动脉，当专业医疗机构距离太远或无法提供救助，在野外拔箭实为不得已的选择，如此便需要用到止血带（皮带或5厘米宽的布条）和绞盘（一根粗壮结实的棍棒，用于绞紧止血带）。

3 定位止血带

如果伤在大腿，将止血带松松缠在伤口上方（靠近心脏），打结，布条末端留出30厘米长。

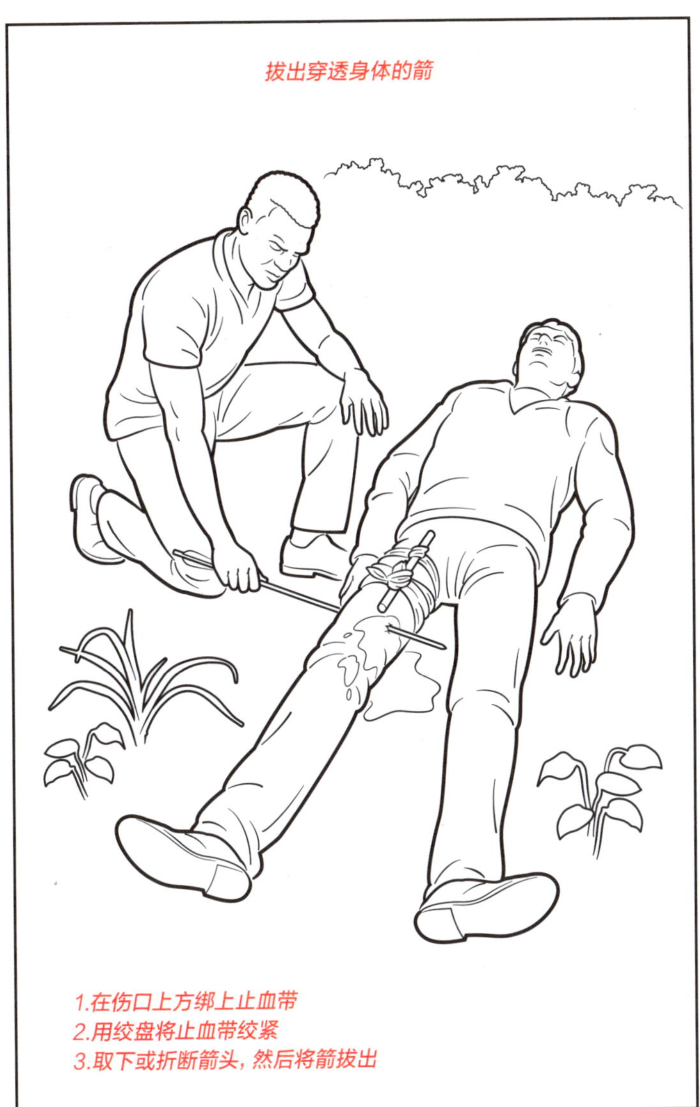
拔出穿透身体的箭
1.在伤口上方绑上止血带
2.用绞盘将止血带绞紧
3.取下或折断箭头，然后将箭拔出

4 **将绞盘放到止血带上，将留出的布条在绞盘上打成结**

转动绞盘，将止血带拉紧，拉到非常紧。

5 **测试止血带是否已经系紧**

按压伤口周围，如果毛细血管没有充血泛红（即按压处仍是白色），说明止血带已经系得足够紧，否则，还要再绞紧一些。

6 **在绞盘上再打一个结固定**

7 **查看伤口，看箭头是否仍嵌在体内**

如果箭头仍嵌在体内，不要试图将其往前推过肌肉组织，这样做可能会进一步损伤前方的神经或血管！用煮沸（消毒）过的工具或干净的手指探查伤口，看箭头是否嵌入骨头，如是，则需要用更大的力气才能拔出。

8 **若箭头已穿透大腿，则应将其去除**

如果箭头已从身体另一端穿刺而出，则应先用户外刀或斧头砍断箭头，再拔出箭杆。

9 如果箭头仍嵌入体内，则握紧箭杆靠近皮肤的位置，将箭向外拔出

顺着箭头射入的方向和角度将其拔出。箭头拔出后可能会大量出血，因此做好准备直接按压止血或用止血带止血（见上文）。

10 清洁并包扎伤口

专业提示

- 如有可能，不要贸然将箭拔出，维持原样直到抵达医疗救护地点，或者至少找到一个暖和、干净、光线良好的地方。
- 止血带连续使用上限约为六小时，超过此时限，远端肢体会因缺血而永久受损。

如何剥动物皮和鞣制皮革

注意：如果不是不得已的生存危局，不能随意猎杀动物。

兔子、海狸等小型动物比较容易猎杀，可将它们的皮鞣制成生皮或皮革，成品经久耐用，用途多样。捕杀麋鹿、驼鹿等体形较大的动物则难度更大，也更耗时，但相应地，也会回报你更多皮革。

制作生皮

1 去除动物内脏

用刀将动物从颈部到腹部再到肛门，一路剖开，取出内脏和器官。切下头部，放在一边留待备用。

2 将动物的后腿吊起来，然后剥皮

剥皮时要小心谨慎，用手拽皮撕开，而不要过多用刀切割，以免损伤兽皮。用手指或拳头将兽皮从畜体上寸寸推起，必要时才用刀子割开皮膜。

3 **刮掉兽皮内侧的脂肪**

将兽皮内侧翻开，摊放在齐腰高的扁平木头上，用刀或削尖的骨头刮去脂肪。

4 **除去兽毛**

将兽皮翻过来，逆着生长方向小心地刮掉毛发。这需要花些时间，耐心些。如果是兔子或狐狸，可将其软毛保留，制成衣服穿着会更舒适。

5 **将兽皮晾晒一天**

两面都完全刮好后，将兽皮晾晒至少24小时，潮湿天气需晾上更长时间。如遇雨天，可在避雨处阴干。

6 **将兽皮切成条状做成绳子，也可折叠或切成块状，缝制成其他有用物品**

鞣制熟皮

1 **按照上述方法制作出生皮**

2 **制作脑浆**

用户外刀或手斧敲开动物的头骨，取出其大脑。

将大脑切成小块，放入锅中，加温水搅拌成浓浆。(小型动物可能需要用多只大脑才能调出足够的浓度。)

3 浸泡兽皮

将兽皮浸泡在浆液中约20分钟，令其充分吸收大脑中的油脂。这一步骤有助于软化兽皮。

4 晾干

5 用棍子拧干兽皮，去除所有水分，然后用手拉伸摊平。(制作带毛的熟皮，可将混合浆液涂抹到兽皮内侧，直到干皮将大脑油脂完全吸收。)

6 将兽皮熏制成熟皮

用两根木棍将兽皮撑开，纹理面（原先有毛的一面）朝下，离地一米左右。夜晚可在底下生起火——还记得吗？前文讲过只有在夜里才可以生火——烟雾有助于鞣制，改变纤维的化学性质，并可令皮毛未干前保持柔软。尽量把兽皮围成一个圆锥形，便于聚集吸收烟雾。熏制几个小时。

7 鞣制后的兽皮可用于制作衣服、袋子，也可用作洞坑顶部的防水层

如何安全食用昆虫和啮齿动物

捕食昆虫

1 根据颜色识别可安全食用的昆虫

除少数例外，在美国，诸如棕色、黑色等暗色昆虫或白色蛴螬，大多数经过烹煮，熟透以后都可安全食用。颜色鲜艳的昆虫（如蝴蝶、瓢虫，或绿色、红色、黄色的蚱蜢）、千足虫和毛毛虫等，则不要碰。

2 确定营养需求

一个中等个头的成年人每天需要约60克蛋白质。而昆虫主要成分是水和外骨骼。如果将昆虫作为主要蛋白质来源，则每日需要食用大量昆虫方可满足营养需求。烹饪会使其重量减少约75%，余下部分蛋白质含量为40%到70%。可以考虑食用蛴螬和幼虫，它们没有外骨骼，蛋白质含量较高，且容易捕食（方法见下文）。

3 捕捉或亲自饲养你的盘中餐

在冬季和严寒之地，可能很难找到昆虫。此时可翻找腐烂的木头和其他植物，挖掘昆虫。如有水果或蔬菜，可放到室外任其腐烂，如非天气极其寒冷，蔬果腐烂后可在几天内吸引昆虫围食，并生出幼虫。

4 去除毒刺，视个人喜好可再去除腿和翅膀

食用蜜蜂等带刺的昆虫，需将刺针去除。如打算将昆虫整只吞下肚，可去除翅膀和腿，使昆虫更可口，也更易于吞咽，以防噎食。

5 烹煮杀菌

所有昆虫——无有例外——在食用前都要煮熟，以消除昆虫身上可能携带的细菌和病原体。(目前还没有关于煮熟的昆虫向人类传播人畜共患病的报道。)

将昆虫煮沸后，继续煮5~10分钟，捞出，放在锅、碗或金属托盘里，或用棍子串着放在火上烤。烤熟后，可用两块石头将昆虫碾碎，将碎末加入汤水中或撒到其他食物上，使之更可口。

专业提示

- 蚱蜢、蝗虫和褐蚱蜢、蜜蜂（需去除刺针）、甲虫（蛋白质价值有限，但容易捕捉）、蝉、蚂蚁、白蚁等，都是饱食果腹的上佳之选。
- 在大快朵颐之前，先少量尝试，以调适肠胃。
- 昆虫外骨骼中含有甲壳素（一种纤维物质），对虾、蟹等甲壳类动物过敏者需谨慎食用，以免发生危险。
- 蚯蚓不是昆虫，但也可以食用。

捕食啮齿动物和小型哺乳动物

1 确定啮齿动物的生活区域和饮食习性

大多数野生啮齿动物经过适当烹调后都可安全食用。但生活在下水道的老鼠等城市啮齿动物通常携带病菌，应避免食用。花栗鼠、松鼠、草原土拨鼠、兔子和其他以坚果、种子、草和昆虫为食的小型啮齿动物或陆生哺乳动物都是不错的选择。

2 杀死动物并剥去毛皮

设置好诱捕器，在捕获小型野生啮齿动物后，迅速将其抓进桶里用水淹死，再剥去毛皮。此类动物的毛皮可能长有虱子和螨虫，剥皮时需多加留意。（参见“如何剥动物皮和鞣制皮革”一节，第124页。）

3 去掉头部、尾巴和内脏

用猎刀去除动物内脏，将肉清洗干净。如保留头部，则应避免食用动物的大脑。

4 将动物架到木桩上，生火烤至全熟

如何觅食

在冬季，昆虫、蘑菇、可食用的浆果和花朵可能短缺。如果地面结冰，则需要用铲子和小斧头劈开腐木，寻找蛆虫。动植物腐烂会产生热量，吸引昆虫围食。

到森林里觅食

- **寻找腐木**

腐烂的木头下面可能藏着白蚁及其幼虫，收集起来煮熟再吃。也可能有蚱蜢和各种甲虫。

- **寻找蘑菇**

如果没有知识全面的指南手册或专业向导，很难区分可食用蘑菇和有毒蘑菇。不过，蘑菇生长之地一般土壤肥沃。小心移开蘑菇周围的腐烂植被，寻找各种甲虫和蛴螬，收集起来煮熟。

- **寻找粪便和腐烂的动物尸体**

二者皆为蛆虫的天堂。收集后，先处理干净（最好煮沸），再行烤制及食用。

- **寻找花朵，跟踪蜜蜂**

花朵会吸引蜜蜂。跟踪蜜蜂，可以找到蜂巢偷取蜂蜜。穿上防护服，或用烟熏蜂巢，令蜜蜂行动变得迟缓，降低被蜇的风险。除掉蜂刺后，蜜蜂本身也可煮熟食用。

- **寻找果树**

树上的水果以及灌木丛里的浆果，自然成熟以后，摘下便可食用。掉落地面的果实也值得关注：水果腐烂会令糖分发酵得极为醇厚浓郁，蜜蜂多闻香而来，流连沉醉，可以轻易拍落和捕捉。

去草地觅食

- **搜寻土堆**

大土堆里可能有蚂蚁或白蚁聚集，可以连同幼蚁一块煮食。注意避开红火蚁——红火蚁咬人极痛，且攻击性强，但凡覆在蚁穴上的土包受到惊扰，蚁群便会猛烈攻击入侵者。

- **不要食用蜘蛛网上的蟋蟀**

被蜘蛛网缠住的蟋蟀很可能已经中毒，勿食。

- **翻找倒下的树木**

倒在地上的木头下面可能有昆虫活动，但也可能有蛇藏身，尤其是以虫子为食的幼蛇，务必小心。

在荒漠觅食

- **寻声追踪**

蟋蟀、蝗虫、蝉、蜻蜓和其他飞虫都可听其声，辨别其所在位置，傍晚和清晨时分虫鸣声更是清晰可辨。以飞虫为食的两栖动物（尤其是青蛙）也可用同样的方法追踪、捕捉和烹食。

- **夜间觅食**

夜间凉爽时，昆虫尤为活跃，更容易发现和捕捉。昆虫一般都有趋光性，点亮手电或灯笼可以把它们吸引过来。水坑或其他潮湿的地方也会自然吸引昆虫。

- **搜寻岩石覆盖处**

沙漠里的节肢动物（如蜈蚣、蝎子）常在岩石底下钻洞藏身。捕捉时需小心谨慎，否则可能被毒虫蜇咬受伤。节肢动物外骨骼占躯体比重大，蛋白质含量低，不可作为首选食物。

- **等待下雨**

大雨过后，自然积水的地方（洼地、集水沟、干河床）会有大量昆虫出没。

可食用及药用植物

- **常见的蒲公英（菊科）**

除南极洲外，蒲公英遍布各大洲。蒲公英含有大量的维生素和矿物质，也含有蛋白质和脂肪。蒲公英的各个部分均可食用，其中，花、叶和茎可生吃，也可煮熟了吃。但蒲公英的根必须煮熟食用：先清洗干净，再加入汤或菜中炖煮。必要时，可将根切成薄片，

放到平底锅里，用火干烤至深褐色，碾碎，然后加水煮沸，可替代咖啡。

蒲公英根含有菊粉，这是一种益生元和水溶性膳食纤维，有利于消化系统益生菌的生长，并促进钙质吸收。蒲公英根有助于延缓消化，还是一种温和的泻药，可缓解便秘。

- **欧蓍草（菊科）**

欧蓍草有多个品种，均富含维生素，包括维生素B_1和维生素C，蛋白质含量也较高。其花和叶子可缓解腹泻和胃痉挛，食用方法为将叶子切碎与食物混合嚼食，或将花、叶煮沸当茶汤饮用。

欧蓍草具有杀菌消炎的功效，将其涂抹在刀伤、擦伤和皮疹上，可加速愈合；咀嚼其根与叶有助于治疗口腔感染；还可将叶子及汁液擦涂在裸露的皮肤上，做驱蚊之用。

- **松树（松科）**

松树品种多达上百种，大多可安全食用。火炬松（Pinus taede L.）不可食用，另一种叫作单叶果松（Single Leaf Pinyon Pine）的，除松果外，其余部分均不可食用。

生的松针含有少量蛋白质和脂肪，嚼食可摄取营养，或泡茶饮用。松针富含维生素A和维生素C，美洲土著经常通过食用松针来预防坏血病。针叶还含有钙、铁、磷和锰等矿物质。咀嚼松脂可缓解喉咙痛，但注意不可吞食。

松果上的小坚果（也称为松子）可食用，营养价值很高，富含蛋白质和维生素。更妙的是，到了春天，雄性松果会散发大量花粉。将松果摘下来，放进袋子轻轻摇晃，将花粉抖落，收集起来。花粉营养丰富，含有多种维生素。

北美车前（车前科）

北美车前草——美洲印第安人也称其为“白人的脚印”，因为车前草是随着殖民的步伐从欧洲蔓延生长到北美——在美国和欧洲的许多地方都很常见。北美车前的叶子富含维生素，味微苦，可生吃或煮熟食用。其种子称为车前子，富含维生素B_1，可摘下浸泡一夜，熬煮成粥食用，车前子粥含有大量碳水化合物，味道有点苦。或可将车前子磨碎，制成面粉替代品。

另外，北美车前的叶子可谓功用多多：将叶子捣碎，制成药膏湿敷，可让受感染的小伤口快速愈合；将叶子嚼成浆状，敷在昆虫叮咬处一小时，可缓解疼痛；用叶子泡茶或煮汤饮用，可缓解腹泻。

如何饮尿维持生命

尿液大多不含病原体，但短时间内大量饮用也可能导致肾衰竭。按以下步骤操作，可让你安全地饮尿维持生命。

1 准备一个玻璃瓶或其他容器

尿液中含有可溶性无机盐（钠、钾、磷）和有机化合物（主要为尿素和尿酸），过量摄入这些物质可致病。不要喝刚排出的温热尿液。将尿液排入容器中，然后放到一边冷却。

2 静置几天

若时间允许，可将装了尿的容器放在室温下静置三天。随着时间的推移，尿液会自然产生脲酶，脲酶会将尿素（尿液中除水以外的主要成分）分解成二氧化碳和氨（氨溶于水后形成铵根离子）。这个过程会让尿液变得难闻，但也更容易进行化学处理。

3 加入一把草木灰

草木灰是木柴燃烧产生的灰烬，往尿液中加入草木灰可增大尿液的pH值（氢离子浓度指数），这一过程会将大部分铵根离子转化为氨。氨易挥发，极易清除。让混合溶液静置几个小时，然后过滤，尽可能将颗粒物过滤干净。

将过滤后的尿液煮沸几分钟，可让氨挥发，并杀死病原体，最后尿液可安全饮用

4 将尿液煮沸几分钟

煮沸尿液可以使其中的氨在高温下挥发，并杀死残留的病原体。待其冷却后即可饮用。

专业提示

- 尿液由体内多余的水分以及经过肾脏过滤出的代谢废物组成，是肾脏移除身体不能存留的化合物的结果。若非紧急情况，不要经常喝尿。
- 如果脱水严重，肾脏会停止产生尿液。
- 假设血液中不含病原体（可能没有办法确认），饮用少量血液（每天不超过100ml）并不会对身体造成伤害。少量动物血液，例如生肉或稀有肉类中的血液，通常已经稀释，并且（大多数情况下）是安全的，除非血液中含有大肠杆菌等病原体。然而，血液中的钠含量相对较高，大量饮用会导致脱水和铁中毒，甚至可能致死。

净化脏水

可自制过滤器，用以净化来源不明的水。（当然也有例外的情形，请参阅下文“寻找淡水”一节的介绍。）

1 烧制木炭

用木头生火，将火烧到很旺，让木头燃烧至剩余部分完全变黑。清除灰烬，就得到烧焦的木炭。将木炭静置冷却。

2 将木炭掰成小块

3 将木炭活化

用250克氯化钙溶解在1000毫升水中。氯化钙是一种无机盐，可以在大型超市、药店购买，也常制成除冰剂在五金店出售。将木炭与氯化钙溶液混合后，静置晾干，具有高吸附性的活性炭就制作完成了。

4 制作管型净化器

找一根管子或其他的空心圆柱体，用布堵住一端（衬衫的布料效果极佳），扎紧，再往管子或圆柱体

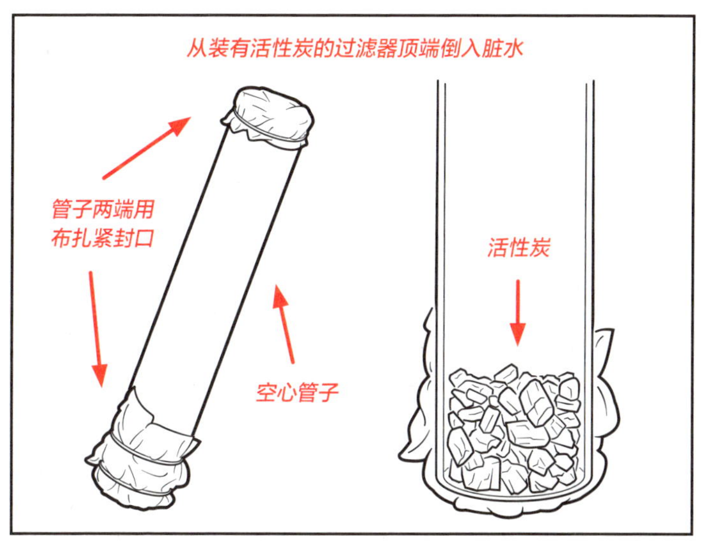

里填满活性炭，最后用布料将另一端扎紧封口。

如果没有管子，也可以找一个碗或罐子，用衬衫裹在顶端开口处，扎紧，再在上面倒上活性炭。

5 **在管子下方放一个碗或其他容器，然后将水从顶端倒入管子**

垂直握住管子，在底部放一个容器接水。然后用极慢的速度将水从管子顶端倒入，让水穿过布料流入容器中。如此过滤可去除微量化学物质，使净化后的水更适宜饮用。

6 **尽可能煮沸净化的水，消除水中的微生物污染物**

如有生火条件，将过滤后的水煮沸5分钟，冷却后即可饮用。

专业提示

阳光及紫外线照射也可起到一定的净化作用，阳光直射的杀菌作用尤为显著。将水装在透明的瓶子、平底锅或浅底容器中，放到阳光下直射几天。优选煮沸的方法杀菌，仅在无法生火时方可采取阳光照射的措施。

淡化海水

未经淡化而直接饮用海水会导致脱水、肾衰竭，甚至死亡。可以建一个太阳能蒸馏装置进行海水淡化，通过蒸馏将海水变成饮用水。

1 挖一个坑

找一处全天阳光暴晒时间最长的位置，在地上挖一个浅坑，深约0.3米，直径约1米~2米。

2 在坑里铺上油布

往坑里铺上油布或其他隔水材料，防止海水渗入泥土或沙子中。

3 在坑中央放一个高瓶子、罐子或其他类似容器

容器顶端应比坑的顶部低5厘米左右。

4 往坑里注入海水

5 再用一块油布或其他塑料布完全盖住坑

用于遮盖的布越透明越好。在坑的边缘压几块石头，将布固定，但不要绷太紧。

6 隔着油布在罐子正上方的位置放一块石头

石头会将油布压得凹陷下去。

7 等待一天或更久

海水被太阳照射后会升温蒸发，在油布内侧形成冷凝水，并沿着石头压出的凹陷流向中心低点，慢慢滴入瓶子或罐子中。瓶子或罐子里收集的水已将盐分析出，可以安全饮用。往坑里灌入更多海水，重复以上步骤，就可以淡化出更多淡水。视情况舀出坑洞里残留的盐分。

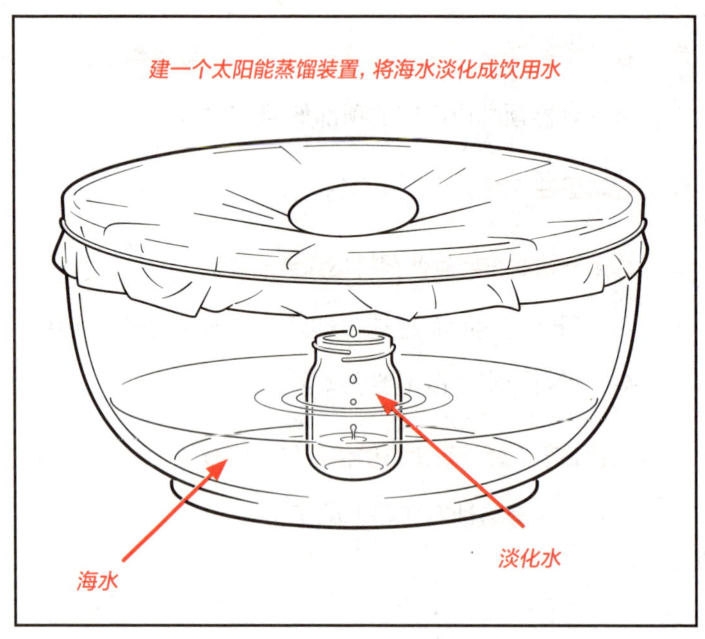

专业提示

煮沸并不能让海水变得可饮用，但可将沸腾产生的蒸汽和冷凝水收集起来饮用。

寻找淡水

一般而言，凡天降的雨水，只要不是积留已久，则可安全饮用。至于其他水源，可按以下方法确定是否可以饮用。

- **通过水源的海拔高度判断**

总体而言，海拔越高的水源越安全。位于畜牧养殖场下游的水可能受到农业、微生物或细菌的污染，应避免饮用。新近下雪的融水一般可安全饮用。

- **通过水流量判断**

水流含氧量越高可能越安全。相比蜿蜒曲折的河流、小溪或静止的湖泊，水流较浅、流速较快的溪流活水通常是更安全的饮用水源（上文所述流经畜牧场的情形除外）。

- **通过气味和颜色判断**

若水散发怪味异味，或泛着绿色，表明水中可能存在蓝藻等藻类，而蓝藻可能有毒。

- **通过水中的鱼类判断**

有活鱼游动的水并不一定能安全饮用；反之，如水中漂浮着大量死鱼，则应避免取用。

- **尽可能净化不明来源的水**

除非脱水程度极其严重，生命危在旦夕，否则，不能确定其安全性的水，均应经过净化再饮用。

专业提示

工业生产企业，如化工厂通常建在小溪和河流边上，寻找水源时要提高警觉，避免饮用这些工厂下游的水。

生食

不只西瓜，许多新鲜水果和蔬菜水分含量高达80%至90%，是补充水分的上佳之选。大多数果蔬可直接食用，也可以切块或榨汁，再滤净残渣挤出水分，做成果汁或蔬菜汁饮用。

- 芹菜和黄瓜：水分含量超过90%
- 西葫芦：水分含量约90%
- 西洋菜（也称豆瓣菜）：为水生蔬菜，其主要成分是水

- 生菜：主要成分是水，球生菜水分含量更高
- 西红柿：含有大量水分
- 芒果和蓝莓：水分含量约80%，视品种而定
- 苹果、菠萝、草莓、橙子：水分含量高，且富含维生素

专业提示

晒干脱水的水果和蔬菜不能补充水分。

如何在极端气候下建造庇护所

冰雪天气

在冰天雪地里，雪洞是最稳固、最温暖的避难所。

1 用铁锹打造雪堆

雪堆至少要有1.8米高。雪堆越高越宽，活动空间越宽敞。

2 让雪堆放置至少一个小时

让雪堆静置不动至少一个小时，使之重新结晶，形成更坚固的结构。

3 搭建挡风墙

在等待期间，在雪堆周围堆起一堵雪墙，或至少在迎风一侧建一堵挡风墙。挡风墙应有几米高，以防风从入口灌入洞穴。

4 挖入口

在雪堆背风侧挖一个入口。

5 将雪堆内侧掏空

墙壁和屋顶留出至少0.3米厚的积雪。用木头或其他东西（比如从汽车上拆下来的金属片、捡来的旧家具等）做一扇门。

6 给洞穴地板铺上衣物、毯子或保温材料

任何身体部位——包括脚（即使隔着靴子）——与冰雪接触，都会导致身体热量流失。进入雪洞后，尤其在睡觉时，要用衣物、睡垫、夹克或袋子等将身体与冰雪隔开。

高温天气

在高温天气里，洞穴是提供荫蔽、缓解暑气的最佳场所。

1 选择稳定的岩石类型洞穴

长期受水流冲击的石灰岩、大理石和其他致密砂岩会形成岩溶洞，这种洞穴通常较为稳定，适合长期居住。砂岩、黏土岩或石膏岩构成的洞穴可作为紧急避难所，但随着时间推移，有沉降和坍塌的风险。

2 避开矿井和矿坑

废弃的矿井很是吸引人，但矿井通常用木材支撑，而废弃矿井里的木材很可能已经非常陈旧、腐朽，容易倒塌。矿井里还可能发生火灾，或有窒息风险。

3 寻找接近（或低于）海平面的洞穴

洞穴里的气候直接受到外部天气的影响，包括温度和湿度。沙漠气候中的洞穴可能过于炎热，而高海拔地区的洞穴即使在全球变暖的当下，一年中可能也有大部分时间极其寒冷。理想的选择是气候温和地区接近海平面的洞穴，这样的洞穴温度介于8℃到11℃之间，温差较小。即使地表温度超过48℃，洞中仍然凉爽舒适。

4 洞口要大小适宜，足可容人通行，但又能确保安全

洞口大小往往与洞穴内部空间无甚关联：一个不起眼的小小洞口，内部可能绵延百里，别有洞天。

美国东部的洞穴通常位于私人领地，入口处可能

设有门禁；西部的洞穴则缺乏安全保障。选择一个开放的洞穴，洞口要小，建一个小门足可安家、躲避危险。

5 不要选择残留骨头、皮毛或碎肉的洞穴驻扎

离洞穴入口最近的区域可能是熊、美洲狮和蛇的栖息地，靠近时要小心谨慎，并故意弄出声响，示意自己的存在。如发现残留的骨头、皮毛和碎肉，表明野兽频繁出没，应避免进入。

6 进入洞穴后，仔细观察洞内环境，寻找其他出口

如果持续有风快速流动，表明洞穴有多个出口通向地表，或者洞内空间开阔，可形成庞大的气流系统。因与地表连通，为维持气压平衡，洞穴里会持续产生强劲的气流。如果洞穴入口低于其他开口，洞穴内外的热压差会产生烟囱效应，将暖空气向上排出洞穴，而从入口吸入冷空气，如此循环往复。

洞穴里通常比较潮湿，而风会加剧寒冷。最好选择有两个洞口的洞穴，如果有多个洞口，可将小的洞口堵上。

7 评估洞穴的稳定性

洞穴中有大型钟乳石和石笋（由水滴中的矿物质经年累月钙化、沉积而成），表明水已流淌多年，可推断洞穴相对稳定。(需留意断裂的岩层，这可能是断层或可能有他人居住。）如果那里岩石成堆，有新鲜的泥浆，则表明常有地下水或雨水渗入，或者其上有污水坑，这可能使洞穴不适合居住。

8 评估洞穴的水源

透过地表土壤渗进洞穴的水可能含有贾第虫（一种肠道内寄生原虫），必须加以净化。不过，如果洞穴内有深层湖泊地下水系，通常可取来安全饮用。即使位于干旱地区的洞穴，也可能存在地表水系以外的古老湖泊，不过这些水可能矿化度很高，不能饮用。开始时先少量试饮，观察肠胃是否有不适症状。如条件允许，先净化再饮用（见第140页“净化脏水”一节）。

9 生火

在洞中生火，烟雾会迅速弥漫灌满洞穴，如果风力不大，可能难以快速消散。如有可能，在洞口正下方生火，利用烟囱效应将烟排出洞外，自己则在远离火堆的一侧通道躲避。如果洞穴没有其他开口，则在入口处或洞穴外烹煮食物。只在夜间生火，以免惊动他人。

10 觅食

洞中很可能有蛋白质含量丰富的蟋蟀（参见“如何安全食用昆虫和啮齿动物”一节），可能还有小龙虾和火蜥蜴，甚至有洞穴鱼和盲鱼等适应黑暗环境的淡水动物。如果有蛇，也可以捕来杀死、剥皮并烤熟食用。蝙蝠可能来回盘旋满天飞，但不可作为食物。

11 在入口处设置路障，用以挡风，也可防不速之客

找到合适的洞穴后，用干草捆、防水油布或其他材料堵住入口。

12 在洞穴里搭建一个庇护所，增加生活舒适度，并可提供额外的保护作用

用帐篷或防水油布靠着洞穴壁搭一个单坡屋面简易棚，这样更容易保持居住环境清洁干燥，还能起到一定的防风作用。

13 在洞穴群中寻觅各种资源

洞穴系统可能绵延数十或数百千米。虽然没有必要住到洞穴深处，但应多去探索，给洞穴系统绘制一幅完整的地图，寻找潜在的淡水资源和备用出入口。

专业提示

- 美国西部许多洞穴都含有铀。如发现银色、黄色或绿色的沉积物，表明此地可能有铀矿，但周边环境放射性水平可能较低，并不十分危险。
- 洞穴中通常存在氡气，适度通风，可减少对健康的长期危害。
- 洞穴中如有狭窄的煤层，可能成为火灾的燃料来源。
- 在花岗岩分布地区，地壳深处的岩石因荷载作用被抬升而垂直断裂，形成卸荷裂隙，虽然不太可能形成很深的洞穴，但也可以提供一定的庇护。
- 沙漠里台地峭壁上的砂岩洞穴可能太浅，在高温环境下会很热，也许不适合居住，具体取决于其深度及构造。

如何种植生存菜园

1 清理出一块菜地

选择菜地的理想条件是：附近有专用的淡水源，否则，即使是轻微的干旱也会导致严重减产。所需土地面积取决于地理、气候以及需要养活的人口数量。在一年四季都可以种植农作物且土壤良好的热带地区，2000平方米的土地可以供给一个四口之家一年所需的蔬菜、少量谷物和豆类。在寒温带地区，由于霜冻灾害，作物生长期会缩短，供养同样的人口可能需要24000平方米（或以上）的土地。

2 种植一个“胜利菜园”①

在裸露的土地上播下蔬菜种子，可种植单行或双行，行距为0.9米，这样的距离可留给每株植物足够的生长空间，让根部充分伸展，汲取养分和水分，而

译注：①“胜利菜园”：二战时，为增加食物，美国一些家庭用庭园改造的战时菜园。当时流行的海报上印有口号：War Gardens for Victory. Grow vitamins at your kitchen door.“战时菜园，为了胜利。在你家厨房门口给自己种点儿维生素。”

种植香草、色彩鲜艳的水果和根茎类蔬菜等高
营养作物，以及羽衣甘蓝、卷心菜和芥菜等绿色
蔬菜，培育一个“胜利菜园”

且除草也很方便。播种深度因品种而异：种子包装上应该标注合适的播种深度以及株间距离，如无包装，大多数作物可将播种深度定为种子直径的两到三倍，株距则视蔬菜作物长成后的大小而定。给每块菜地做上标记，以便日后记得在何处种了何物。

3 将剩余的种子储存起来

将剩余的种子装在密封的瓶子里，如果有冰箱，则放入冰箱保存；如果没有，则放进地窖或阴凉的地方。温度和湿度会影响种子的存活率。可在装种子的瓶子里放入一包干燥剂，协助吸附空气中的水分，减少潮湿。如果保持凉爽干燥，种子可以存放多年不坏。

4 菜园里高热量农作物占90%

高热量农作物有笋瓜、南瓜、玉米和豆类等。在美国南部地区，可以种植粉质型的大田玉米（也叫马齿型玉米，因其成熟后籽粒凹陷如马齿状）。在美国北部较冷的州，可以种植硬粒型玉米（也称“燧石玉米”），其含有极硬的角质淀粉层，成熟速度比大田玉米快。大田玉米籽粒晒干后可以做成玉米糁、干玉米粒和玉米面。

5 菜地的10%种植高营养作物

高营养作物包括香草、色彩鲜艳的水果和根茎类蔬菜，以及羽衣甘蓝、卷心菜、芥菜等绿色蔬菜。许多绿色蔬菜和根茎类蔬菜还可以做成发酵蔬菜制品，使之营养更丰富，更易于长期保存。例如，卷心菜可以做成泡菜，甜菜和黄瓜也可以腌制。这里简单介绍泡菜的做法：准备一碗纯净水，加入三匙无碘盐，搅拌溶解成盐水，然后把蔬菜装进一个罐子里，倒入盐水，用重物将蔬菜压沉底，被盐水浸没，静置一到两周即可食用，也可继续储存。

6 浇水堆肥

土壤不干则不用浇水。种植季节到来时，先在地里堆肥，厚度大约1.3厘米。菜园废弃物，如菜叶、果皮等不要随意丢弃，用来堆肥可变废为宝，保持土壤的腐殖质，改善土壤质量。(请参阅第160页“如何制作堆肥器”一节，获取堆肥小窍门。)

7 烹饪前先将谷物和豆类浸泡一段时间

将谷物和大豆等浸泡一夜，可去除许多植物自身产生用以保护种子的特化代谢物。干豆（如豌豆、扁豆）和谷物可浸泡24小时，以减少本身所带的有害物质，使其更易消化吸收。浸泡后也更容易煮熟，豆类浸泡的效果尤其明显。若想快速达到浸泡效果，可将豆类放入盐水中煮沸，然后关火焖60分钟。

专业提示

- 一些根茎繁殖的植物，比如红薯、木薯、山药、马铃薯和生姜，可通过扦插（根插、茎插等）种植。在桶里装些树叶，微微打湿，再放入作物的根、茎等插穗，等到春天再移植到地里。
- 如果种植的是幼苗而不是种子，则需要有充足的阳光照射。如有霜冻风险，应将植株幼苗移入室内。
- 可以考虑养一小群鸡，不仅可以吃鸡蛋，还可以吃鸡肉（如果你不是素食者）。在菜园里养鸡很便利，用吃剩的食物喂养就可以，或将鸡圈养在菜园里使其啄食虫蚁，鸡的粪便还可用作肥料。

如何制作堆肥器

1 收集材料

准备一个木制托盘（二手最好）、四根1.5米长的木柱子、一卷宽1.2米长6米的镀锌铁丝网（鸡笼铁丝网）、一把钉枪、几个钳子、一把铁锹、一把干草叉或耙子、厚工作手套、肥料和土。

2 在日照充足的地方堆肥（每天日晒至少6小时）

堆肥器要求既不完全干燥，又不过度吸水，保持潮湿即可——每天日晒6小时为佳。给堆肥器每边留出大约1米的开阔空间，以通风透气。

3 将木制托盘放到地上

木制托盘是堆肥器的底座。把木质托盘架高可让堆肥适当通风，也可防止肥料底部过于潮湿。

4 挖四个坑竖起木柱子

在放置木质托盘的四个角的位置，挖四个坑洞，每个洞深0.3米。将木柱子插进洞里，然后将土填平压实，使木柱子笔直牢固。

5 将铁丝网钉到一根柱子上，然后展开，绕其他三根柱子一圈，回到起点

用钉枪将铁丝网固定到四根柱子上，再用钳子剪去多余的部分。铁丝网可阻挡狗等动物进入，也可防止肥料堆过于松散。

6 往堆肥器中装入各种有机废弃物

可用于堆肥的有机物有落叶、树枝、果皮、腐烂的水果和蔬菜、咖啡渣和茶叶、碎蛋壳、木灰以及废纸等。乳制品、肉类、家禽和鱼类（及其骨头）也可以用于堆肥，并可增加土壤的氮含量，虽然这些东西发酵的气味不甚美妙，也会滋生各种寄生虫，但为了培育肥沃的土壤，无论如何值得一试。如果抓到老鼠，也一起扔进去。

7 等待两周（或更久）

有机物在41℃到71℃期间分解效率最高，可加速腐熟。在春末和夏季，大约自然发酵两周后，肥料堆可达到这个温度范围。随着有机物自然分解，肥料堆开始下沉压实。

8 翻堆，浇水

大约每月翻肥料堆一次，让其透气。如肥料堆变干燥，则应加水。反之，如发出腐烂的气味，则说明肥料堆过于潮湿，要多翻动，或同时用油布盖住。新增加的有机物需每两周翻动一次。翻动肥料堆可以加快有机物的分解进程，大约三个月后堆肥就可以使用了。

9 检查颜色及质地

当肥料堆变成泥土质地的深褐色碎块状时，原始材料已被分解得看不出原形，说明堆肥完成了。

10 堆肥成熟后，取出来，静置两周，使其有效成分更稳定

可用麻袋装袋，方便运输。

其他方法

如果与邻居离得太近，没有足够的空间建堆肥器，或所在地区可能臭气熏天或虫害频繁，可以挖一个0.9米深的坑，把所有东西一股脑儿扔进去，然后盖上盖子。你可以就此置之不理，也不用再翻肥料堆通气，只是需要等上一年时间堆肥才能

腐熟使用。也可以直接在堆肥坑上种植甜瓜或南瓜，如此肥沃的土壤，作物长势必定喜人。

灾难后如何找到其他幸存者

1 注意飘上天空的小股烟雾

其他幸存者会生火取暖做饭。因为烟雾可能是有灾难发生过的证明，比如火灾，周边地区一段时间内可能仍有烟雾持续冒出，应避开，然后往未被殃及的区域寻找篝火产生的小股烟雾。

2 留意周围的灯光

如发现有电池或丙烷供电的灯，几乎可以断定此处有人居住。

3 搜索城镇

相较人烟稀少的农村地区，人口密集的大型（或曾经的大型）城市会更先获得物资和救助。幸存者很可能前往城镇聚集会面，交易物资。但请记住，战争或其他形式的物理攻击通常会将城市列为攻击目标，因而其道路、桥梁和其他基础设施可能已遭损毁。

4 顺水流而行

对幸存者而言，新鲜、流动的水源极为宝贵。留意河岸是否有人居住的迹象。

5 勘查易守难攻的位置

视野开阔、不容易靠近的山坡或山顶非常适合安营扎寨。幸存者可能会聚集在这些地方，或至少经常到来查探周边形势。

6 探访洞穴

人类曾经在一段漫长的历史时期中过着穴居生活，极端条件下也可能重新走进洞穴寻求庇护。天然洞穴可能难以寻觅，人们可能会退而求其次移居到废弃的矿井。进入或靠近时要小心，因为这些矿井或洞穴的地理环境可能存在不稳定的因素，或有敌对部族聚集其中，或有顶着辘辘饥肠等待美食投怀的野兽，或两者兼而有之。(请参阅“如何在极端气候下建造庇护所”，第148页。)

极端情形下，笼子里的动物会被搬上餐桌成为食物。有肉的地方就有幸存者。

专业提示

哨声比人声传得更远，吹响口哨宣示你的存在，或许能被距离更远的伙伴听到并回应。

如何分辨他人是否有己无人

遇到幸存者时，不要急着高兴，留意观察以下几个方面，确定他们是真合作，还是假迎合——此外，相信你的第一直觉，它通常能指引你避开灾祸。

- **他们谈论的大多是自己**

如果他们说话时经常提到自己或把自己放在第一位，在行动时很可能也不例外。

- **他们会重复你说过的话**

这种行为表明他们可能想争取时间编造说辞，而非深思熟虑和诚恳待人的表现。

- **他们有问则答，但从不提问**

这可能表明他们对他人缺乏兴趣，可能只考虑自己的利益。

- **他们的陈述或提议听起来不错，但细节很少**

如果对方描述的蓝图含糊不清、缺乏细节，则他的构想只是空想，承诺只是空头支票。追问细节，如果他们能不加避讳详尽回答，方有可信度——如不能，则对方很可能只是在画大饼，意在引诱你入局，榨取你的资源。

- **他们不愿意听取反馈意见**

如果他们对你的意见概不理睬，那么对方很可能难以相处或是个危险角色。

- **他们坐立不安，面部表情不自然**

膝盖不停抖动或摇摆、轻拍双手、频繁抚摸头发和脸部，诸如此类的动作，往往表明对方有所隐瞒。

- **他们的肢体语言透露出不值得信任的讯息**

  这些迹象包括：

  - 转过脸去，不敢正视你
  - 说话时双手紧握、胳膊僵直
  - 声音嘶哑或音调升高
  - 频繁清嗓子
  - 脸和脖颈发红出汗
  - 说话前过度咽口水以及深呼吸

如何远距离通信

烟雾信号

1 约定暗号

用烟雾远程传递信号简单有效，但有一个致命缺陷，即所有人可见，当然也包括敌对部族。除了只需发送位置的情形外，请与友好部族约定简明的暗号，只做内部沟通之用，绝不可外泄。也可用不同颜色的烟雾（黑、白、灰）表示不同的信号，简单明了。

2 挖一个火坑

在没有树木遮挡的空地上挖一个0.6米深的大火坑，大小可用大块毯子盖住为宜，不要太宽。如有必要，可在周围铺上石块，防止余烬蔓延扩散。

3 生火

用干柴生火，把火烧到很旺。

4 制造烟雾

一般情况下，火烧得越旺，燃烧越充分，产生的烟也越黑。如果烟的颜色不够深，可以添加更多木柴。如果烟仍呈灰色或白色，可缓慢加入少量油、橡胶或塑料。所有的烟都有毒，这些材料产生的烟尤其危险，绝对不能吸入人体。

往旺火中加入青草或干草、湿树叶或湿木头，可降低热度并产生白烟。不要将火完全闷熄。

5 取一块厚重的毛毯，用水完全浸湿

拧干至不再滴水。

6 先盖住火坑，再揭开，制造浓烟信号

两人合力，每人提两个角，用毯子盖住火坑，然后迅速拿开。必要时再重新盖上，便可产生明显的烟雾。

专业提示

- 燃烧各种化工品、染料和化学提取物可以产生彩色的烟雾，但在大灾难发生后，这些物品可能难以获得。如果食盐（氯化钠）和硝石（硝酸钾）的用量足够大，也可使白烟变黄。
- 风可将烟雾迅速吹散，如遇阴天，更难被发现。丘陵或山地上风力和风向难以预测，也会增加传递信号的难度。
- 在野外，数字3通常是遇险或求助的信号：围成三角形的火堆、三声口哨、三股烟雾，等等。

手旗通信

用旗语通信要求信号收发双方精通旗语（旗语字母表见下页），同时具备视线条件（通常使用单筒望远镜或双筒望远镜，也可直接喊话）。

1 剪三角形旗帜

准备两块30厘米见方的正方形布料，一红一黄。沿对角线裁剪开，得到四个相同大小的三角形。

2 如下页图所示，将一个黄色三角形和一个红色三角形缝合成一个正方形

黄色三角形在上方（如图A）。其他两块三角形同理。

3 将黄色一侧的边缘卷起来，缝合成插槽

4 插入木棍

木棍长60厘米，插入插槽后仍余出30厘米作为手柄。

5 把插槽口缝合密实，固定木棍

6 面向信号接收方站立

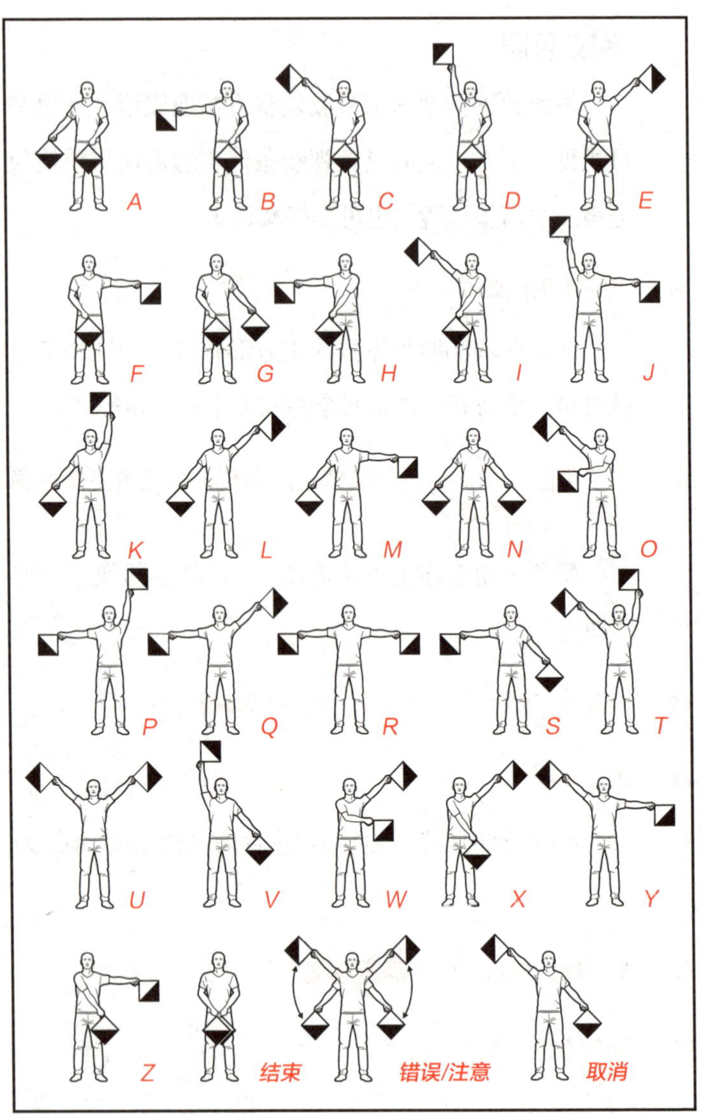
A
B
C
D
E
F
G
H
I
J
K
L
M
N
O
P
Q
R
S
T
U
V
W
X
Y
Z
结束
错误/注意
取消

7 发出信号

运用如上页图所示的旗语字母表，依次表示出每个字母，慢慢拼写成句。注意适时使用“注意”和“结束”信号，以免对方混淆。不要使用标点符号。信息应简明扼要，例如：

E–N–E–M–Y I–S C–L–O–S–E

（敌人就在附近）

C–A–N Y–O–U S–E–E T–H–I–S

（你能看到这个吗）

D–O Y–O–U H–A–V–E A P–H–O–N–E

（你有电话吗）

B–R–I–N–G B–E–E–R

（带啤酒来）

业余无线电通信

1 检查无线电电源或连接电池

业余无线电（简称“火腿电台”，无线电爱好者则被称为“火腿族”）几乎不能连接插座供电，内置电池的更是少之又少。大多数无线电附近都有外接电源：找到有标记的电源开关，打开无线电。如无电源，可将无线电连接到12伏汽车电池或船用电池（需正确接地）上供电。

2 检查天线，如有需要可连接天线

无线电设备通常已将天线连接好。如果没有，则需用备件制作一根简单的偶极子天线。

铺设一段50欧姆的同轴电缆，长度要能通到室外，且尽可能高，用绳子或拉链将电缆固定到大树或烟囱上。将电缆尽头的内芯岔开成两股，取两根外层绝缘的电线，各长约10米，分别焊接到同轴电缆内芯上，架设成无线电天线。

3 打开无线电收音机

4 根据时间选择合适的波段

找到标有波段（WAVE BAND）的按钮，选择20米波段（14MHz）。一般来说，夜间使用较低频率（约10MHz以下）通信效果最佳，而白天则使用较高的频率为佳。20米波段（14MHz~14.35MHz）通常24小时开放，深受长途无线电操作员的欢迎，甚至可向其他大陆发送信号。该波段的通信量也最大。通常夜间使用低波段通信范围更大（信号传播距离更远），有时可以将通信范围扩大至白天的两倍以上。不过，这些低波段的使用频率较低，因此得到回应的可能性也较小。

5 选择信号模式

有两种信号模式：调幅模式（AM）和单边带模式（SSB。又可分为两个子模式，即上边带和下边带）。在大多数情况下（比如以地波形式传播），AM的传播效率较低，信号传播距离也较短，因此应重点选择SSB。

另外，还需细分选择上边带（USB）或下边带（LSB）。一般来说，频率低于10MHz时使用LSB，频率较高时使用USB。在14MHz波段，选择USB。

6 接入波段并监听

从14.15MHz开始，使用大旋钮慢慢转向14.35MHz，注意仔细听声。虽然不保证一定能听到，但通常会有两个或以上的人在进行QSO（火腿们“确认通信”的简称）。如果声音听起来像唐老鸭一样奇怪而失真，说明频率稍有偏离：微调旋钮，使声音恢复正常；也可能不小心进入了LSB模式，请检查信号模式。

7 发送信号，取得联系

按下听筒侧面的通话（TALK）键，插入通话，与对方取得联系，共享信息。松开通话键即可监听。记住，你广播的任何信息都可能被敌方操作员截获，他们最想做的就是追踪你，并偷走你的无线电（以及所有其他有用的物品）。建议不要第一时间暴露自己，先监听一段时间，确定其他无线电操作员的位置和意图。

8 将信息发送出去后，关闭无线电，以节省电量，并告知对方你会在每个整点进行广播

9 在紧急情况下，发送呼救信号

发送求救信号“Mayday!Mayday!Mayday!”并说出你的全名、确切位置、紧急情况的性质以及你需要的帮助。如果被对方电台接收到，他们会辨认出求救信号，并可能尝试获取更多信息实施营救。

专业提示

- 许多无线电配备有天线调谐器，可自动调节天线以匹配你正在发射的波段。
- 高频无线电收发器功率可达1500瓦，电流强度20安培以上，如操作不慎有触电的危险。务必使无线电正确接地。
- 当地AM（调幅模式）和FM（调频模式）电台可能会在紧急事件期间或之后继续广播民防信息。
- 发射信号时切勿触摸天线，否则会有被射频电流灼伤的危险。
- 几乎所有国家都对业余无线电的使用进行严格管控，并要求获得操作许可。在大灾难之后，不会有人再去追究你是否获得无线电操作许可。但在此之前，无证使用业余无线电可能会被处以巨额罚款。

危险的生物

如何抵御狼群

1 快速观察狼的姿势

翘着尾巴、竖起耳朵，说明狼是掌控局势的一方，也表明它们正准备发动攻击。不过，狼也可能以任何姿势发起攻击。

2 不要奔跑

狼在坚实的地面上追捕猎物能够轻而易举得手。狼的爆发力非凡，短距离内速度可达每小时56千米。

3 不要蹲下

你越是表现出弱小无助，越会激发狼群攻击的欲望。

4 冲向其中一头狼

挑一头狼，对着它一边吼叫一边做出攻击的假动作，以吓退其他的狼。狼是机会主义猎食者，在人类面前可能很胆小，但有很强的战斗反应能力。

5 向离得最近的狼扔木棍、砸石头，彰显你仍有力还手

6 保护双腿

狼通常会攻击猎物的下肢，令对方行动受阻步伐踉跄，然后便可顺势将其扑倒在地。如狼靠近你的腿，或踢或打，将其吓跑。如有，挥动火把或手电。

7 慢慢远离狼群

如果是在雪地或冰面上，慢慢移向硬实的地面。

冬天，狼群往往会把猎物追赶到深陷的雪地或结冰的湖面上，让猎物的蹄子陷进雪里或打滑摔倒。（而狼爪上肥厚的肉垫却让它们在这些地方行动自如，占据上风。）

专业提示

- 一般认为，独狼因其攻击性强、渴望猎物、行踪不定等特点，与狼群相比，对人类的威胁更大，而狼群的攻击则更为迅猛，伤害面更广。
- 狼捕猎不分白天黑夜，不限于任何时间。
- 成年狼的咬合力约为每平方厘米100千克，作为对比，德国牧羊犬的咬合力约为每平方厘米35千克。
- 狼群以家庭为单位，成员可能多达三十头，彼此互为亲属。
- 你不可能跑得过狼。

如何对付大型猫科动物

1 警惕埋伏

大型猫科动物（狮子、老虎、花豹、美洲豹、猞猁和猎豹等）是典型的独行隐形猎手，它们发起攻击通常毫无征兆，从隐蔽处一跃而起，撕碎猎物。野外旅行时要特别注意高草区和大石头或岩石群。而所谓的剑齿猫科动物，如致命刃齿虎，并不是真正的老虎，其捕猎手法也不同（详见下文）。

2 用双手将野兽的头掰离自己的头和颈，同时用脚踢打，奋力挣脱

猫科动物通常会攻击猎物的后颈，试图撕裂对方的颈部或咬断其喉咙。

3 趴到地上翻滚，护住腹部

野兽可能会重重拍打猎物的腹部，想要掏出其内脏。蜷裹身体，护住腹部。

4 寻找武器

如手上有球棒，可以用力挥舞，或在附近抓一根粗壮的树干。

5 用力击打野兽头部，显示你仍有力还击

6 不要装死

剑齿虎通常不会死死抓住猎物，而是致命击伤猎物后，耐心等在附近，直到猎物失血过多死亡。

7 爬到树上

很多猫科动物都会攀爬和跳跃，但如果你能迅速爬到其跳跃范围（至少1.8米高）以外，它可能就会对你这个猎物失去兴趣。

8 如果野兽看起来受了伤或对你不感兴趣，就赶紧跑吧

大多数大型猫科动物行动迅疾敏捷，你不可能跑得赢，但如果对方受了伤或对你没有表现出兴趣，跑就对了！越快越好！

专业提示

- 与大多数现代大型猫科动物不同，剑齿虎捕猎时不是单打独斗，而是群体出动围捕猎食，其社会结构可能与狮子类似。剑齿虎现已灭绝，但曾经广泛活跃于现在的美国西部地区，洛杉矶的拉布雷亚沥青坑出土了数千具剑齿虎的骨骼化石。
- 致命刃齿虎比现代狮子矮大约0.3米，但体重可能是现代狮子的两倍。

如何与大猩猩做朋友

1 评估大猩猩的行为

大猩猩处在紧张或愤怒的状态下可能会狂吠怒吼、捶打胸腔、撑地跳跃或掌击地面，做出这些动作的大猩猩有攻击人类的危险。如果只是拽衣服或抓住你，可能只是好奇。

2 不要做出任何反应

不要尖叫、还击或以其他方式对抗。即使大猩猩抓你，也可能只是跟你在嬉戏玩耍。吓唬大猩猩或火上浇油的行为可能会激怒它。

3 表现得顺从

不要直视大猩猩的眼睛。保持安静，不要大喊大叫，也不要张开双臂想让自己的体型显得大些，大猩猩可能会认为这些是敌对行为。

4 注意大猩猩的虚张声势

大猩猩在攻击前可能会虚张声势一番，吓唬敌人。它可能一边走向你，一边尖叫，双手捶地，并撕扯植物。这套虚张声势极具有威慑力，跟真正的攻击十分相似。

5 蹲下，尽可能缩小自己的存在

如果大猩猩在做虚张声势的动作时感觉受到威胁，可能会继续攻击对方。

6 保持安静

大猩猩的攻击行为可能包括用嘴猛咬、用手捶打或撕扯。即使大猩猩似乎有意伤害你，也不要拼命抵抗或还击，否则大猩猩会将这些行为视为威胁，从而攻击得更猛烈。

7 梳理自己的毛发

如果已经被大猩猩抓住，可以一边大声咂巴嘴，一边从皮肤、衣服和头发上抠掉一些泥土或树叶，假装正在梳理毛发。灵长目动物对自己的毛发十分讲究挑剔，模仿它们的做法可分散其注意力，且不会让其感到有威胁。

8 帮大猩猩理毛发

等到大猩猩抓着你的手有所放松，便慢慢地将梳理目标转移到它抓着你的那只手上，对其毛发上粘着的哪怕一丁点儿树叶或灰尘也要表现出浓厚的兴趣。

9 保持安静，继续梳毛，直到大猩猩对你失去兴趣

专业提示

如果被大猩猩抓住，不要试图掰开它的手指来挣脱钳制。

成年的银背大猩猩力量惊人，比成年人类强壮得多。它手掌的力道跟老虎钳一样，凭人力不可能掰开。

如何与猿[①]交流

1 发出响舌声，宣布你的存在

黑猩猩和大猩猩第一次见到人类时，更多的是感到好奇而非恐惧，也并不会想要挑衅攻击人类。尽管如此，还是不要惊扰或吓到它们。用舌头用力顶住上颚，然后迅速张开嘴巴，如此反复，弹响舌头发出“咔咔”的声音。将这个声音作为你的个人信号，之后黑猩猩和大猩猩等会以此认出你，并借以确定你的位置。猿发不出这种声音。

2 听声辨敌友

猿第一次见到人类会特别惊奇，轻声发出兴奋的“呼呼”声，来提醒其他同类注意新奇的物件儿，并不表示愤怒，所以不必惊慌。而若听到类似“哇啊

译注：①猿：灵长目人猿总科动物的通称，包括猩猩、黑猩猩、大猩猩、长臂猿等。

哇啊——”的叫声，则可能表示它们感觉到了危险。大猩猩则可能完全无视你，因为它们不惧怕人类或其他任何东西。

3 待在原地不动

黑猩猩是杂食动物，如果你惊慌逃跑，可能会被当作猎物紧追不舍。相反，你可以在离它们远远的地方坐下来，避免惊吓到它们，同时镇定等待它们走过来。大猩猩是食草动物，你不对它们的胃口。

4 警惕幼猿的行为

幼猿好奇心极强，会立即挨近你，一些年幼的雄性猿可能会挺着胸脯，发出“呼呼”的叫声，并野蛮地跑来跑去，好像在挑衅，这些行为在青少年猿类当中十分普遍。

5 识别雄性首领

雄性猿王可能是族群中肌肉最发达的银背大猩猩或灰毛猿。不过，猿群的首领更像是一个“政治家”，凭借一身强壮的肌肉执行其统治意志。猿王可能不会马上靠近你，但会被众猿前呼后拥，你可从猿群的表现推断出谁为首领。靠近猿群时，注意观察首领的行为和叫声。

6 伸手跟蹭你手背的猿打招呼

猿的手势和肢体语言都与人类极为相似：抓握、握手、拥抱、鞠躬和梳洗。弹响舌头发出“咔咔咔”的声音，同时伸出手背，跟周围的猿打招呼。如果有猿主动先伸出手或脚，可轻轻回握以回应它们。轻轻喘气，传递友好的信号，但不要让自己处于劣势。猿的视觉焦点比人类的视觉焦点离眼睛更近，因此它们可能会凑近你的脸打招呼，这是正常行为，并无冒犯之意。

7 给猿梳理毛发

猿通过给对方梳理毛发来建立关系、增进感情。首先梳理猿四肢（手臂、大腿）上的毛发，彼此建立起信任后，就可以移向头和脸等更亲密的部位。如果对方也想为你梳毛，不要推却，要表现得欣然接受。过程中持续发出“咔咔咔”的弹舌声。

8 向猿王打招呼

以上做法可为你打开一个接近猿的切入口，但最终，你必须与猿群里的成员建立联系，才能被接纳为盟友，如猿王这样的高级盟友尤其值得结交。可以通过进献食物来获取信任。比如猿喜欢蜂蜜和无花果等。

9 与猿群其他成员保持良好关系

大胆一些，与族群里包括雌性猿在内的其他成年成员打好交道。猿的社会有着等级分明的政治结构，偶尔也会更换首领，因此最好与所有猿成员保持良好的关系。对于正养育年幼后代的母猿，则需要慎之又慎，但如果幼猿主动接近，你可以尽情同它们玩耍。

10 向它们演示工具的运用

猿对工具的使用相当有限，你可以用火将水果烤出焦糖，或用火把熏走蜜蜂，再从蜂巢里偷来蜂蜜，赢得猿群盟友的好感。

11 用手势建立信任

一般来说，你可以一边做“来这里”的动作，一边侧头用眼神示意，或摇晃树枝让猿跟着你走。

幼猿会很高兴地攀在你背上。黑猩猩群会分成几个小队，白天分散在领地各处，因此可能会跟你走上一段。

12 帮助猿群捍卫领地

黑猩猩领地意识很强，经常威胁和攻击对手。一旦被接纳和信任，你所在的猿组织可能会利用你来恐吓其他族群。不要参与任何肢体冲突，但尽可能与猿群同行，向外界宣示你的存在。

专业提示

- 大猩猩和黑猩猩智力不相上下，但大猩猩可能只需短短几个月便可以适应人类存在，黑猩猩则可能需要花上几年。大猩猩还更为随和，通常不会攻击其他同类群体。
- 黑猩猩和大猩猩各有领地，很少一同生活，也不会骑马。如果看见会骑马的猩猩，劝你小心为妙。

如何应对恐龙复活

1 警惕危险信号

如果恐龙体型大到足以攻击人类，则必定不能完全隐藏行踪，也不可能无声无息地移动。警惕灌木丛和树木的摇摆、树枝折断的声音，或突然有一阵子的尘土飞扬——这可能是恐龙群在干燥地面移动产生的。

2 倾听类似鸟叫的声音，观察类似鸟禽猎食的行为，留意天空的变化

恐龙兴奋、不安或饥饿时，可能会焦躁低鸣，声音类似现代鸵鸟的叫声。翼龙科是肉食动物，其长喙强壮有力，但腿部力量很弱，可能无法将成年人叼走，对婴幼儿却是一大威胁。注意将婴幼儿抱在怀里，防止被翼龙抢走。恐龙视觉如鸟类一般，极其敏锐；听觉虽较哺乳动物稍逊，但也相当灵敏。

3 相互配合团队协作

恐龙是群居动物，彼此毗邻而居。虽然霸王龙、驰龙（利爪猛禽类）以及其他掠食者经常结伴而行，

但团队作战能力很差，也不会分工协作。恐龙猎食时只顾蜂拥而上，伺机攻击弱小或受伤的对手，但各自为营，缺乏合作意识。

4 评估恐龙的体型，迅速做出决定：跑还是躲

幼年霸王龙的下肢相较于其体型显得非常长，可达4.5米至6米长，奔跑速度可追上鸵鸟，每小时大约可跑出64千米远。相较而言，成年霸王龙体型庞大（身长12米，臀部高3米），运动速度却比较慢，更像是在小跑。在开阔的平地上，如果成年霸王龙以正常速度追击，你拼尽全力奔跑，尚且有希望逃过一劫；但如果追兵是一只幼年霸王龙，人类则毫无胜算。

5 转移至不平的地形

重型两足动物，如霸王龙，一旦摔倒即可能重伤，因此会避开脚下不平的地方。如可能，迅速爬上高处的岩石或巨石。幼年霸王龙体重较轻，不大惧怕崎岖不平之地，轻盈灵活者甚至可能一跃跳出好些距离。虽然对于它们来说，细小的前肢不利于在不平坦的区域内攀爬，但是幼年霸王龙仍然可能会追赶着你进入这些区域。

6 快速躲进洞穴或裂缝中，或其他坚硬岩石的沟槽中，越深越好

洞口要窄，以便阻挡恐龙进入或探身抓咬。大型爬行动物通常并无穴居习性，对洞穴缺乏认知经验。

7 抛投食物，引开恐龙的注意力

将避难所里新鲜的猎物或其他零食扔出去，离洞穴远远的，分散恐龙的注意力，扔出去的食物尽可能多。但请注意，小型的哺乳动物恐怕不能让霸王龙填饱肚子而自行离开。

8 耐心等天黑，到时恐龙可能会睡着或对你失去兴趣

但请注意，小型迅猛龙等肉食恐龙，眼睛较大，夜视能力十分不赖，可能会在夜间活动。

9 如果无处可藏，索性做好准备放手一搏

背靠岩石站立，保护好侧翼，将敌人锁定在前方视野范围内。

10 用非惯用的手握住火把，点燃

火是自然形成的、危险的，动物都会惧怕而躲避。如果恐龙逼得太近，就用火把猛戳对方或扫过其头脸，重点攻击脸部，尤其是眼睛。除了少数例外，恐龙身上会覆盖易被点燃的羽毛（而不是坚硬的鳞片）。火把最好有0.9米或更长，以便可以远离恐龙的攻击范围。

11 惯用手握一根尖利的长矛或长棍

长矛或长棍只做小幅攻击及防身之用，不要试图刺进恐龙体内对其产生重击，因为如果长矛卡进恐龙的身体无法拔出，你可能会失去防身的武器。

12 挥舞长矛或长棍，猛戳猛砍，给对方制造微小而密集的伤口，然后迅速后撤

恐龙肌肉结实，你的攻击只能轻微刺伤其皮肤，几乎不可能给它们造成致命伤。不过，一旦意识到你并非毫无还手之力，对方可能会放弃攻击。

专业提示

- 恐龙化石记录表明，在霸王龙和其他顶级掠食者的族群中，同类相食的现象偶有发生。可考虑攻击同行的恐龙婴幼儿，令其受伤失去防御能力，成为其他恐龙的攻击目标，从而为你赢得时间逃跑。
- 甲龙全身覆盖着几乎无法穿透的厚鳞片。（想象一只大犰狳，甩着长着尖刺的巨大尾巴。）不要主动攻击甲龙，但如遇到刚被杀死的甲龙，可将其背上的皮肤和鳞片一同切下来，风干（或熏干），然后修剪成胸甲。要注意，新近死亡的恐龙尸体附近可能有其他恐龙徘徊出没。
- 切勿跳海逃生。蛇颈龙、沧龙或上龙等各种巨大的海生爬行动物可能在海下静静等待你献身投喂。

如何结交穴居人

1 不要贸然侵扰

穴居人居住在浅洞穴或出露地表的岩洞中，以抵御外界环境和捕食者。如无提前告知，不要贸然闯入穴居人的洞穴，否则可能会遭到棍棒袭击。

2 不要炫耀你先进的文明

华丽的皮毛、炫目的珠宝或电动工具可能会引起穴居人的嫉妒，并可能杀人夺宝。与穴居人相处时，要秉承少即是多的原则。

3 伸开双臂，向对方展示你空手而来，未携武器

将石制工具或武器藏起来，以便日后用于交易或防卫。

4 寻找洞穴岩画

如洞穴中有图画存在，表明对方能用符号进行交流。虽然穴居人没有正式的书面文字，抽象思维可能也相当有限，但你应该能够理解他们的意思。

5 约定关键词语

指着图画或物品，说出相应的名称，例如“火把”“长矛”或“朋友”，重复几次。引导穴居人用他们的语言相应称呼这些物品，以做回应。

6 称赞其皮毛

穴居人将皮毛和兽皮视若珍宝。轻轻抚摸，将其贴到脸上感受一番，同时流露出满足的微笑，并赞叹之。但对于穴居人穿在身上的毛皮，则不要轻易出手触摸。尤其对于女性穴居人穿戴的皮毛，要格外小心——接近女性穴居人可能会被男性穴居人视为更大的威胁。

7 分享有价值的礼物

穴居人会生火，但方法原始且耗时。可将火柴、蜡烛或打火机当作礼物，油灯尤其受他们欢迎。穴居人已经懂得制作工具和武器，但均由石头、木头和骨头打磨而成，可与他们分享一些铁质或钢质的器物，但要注意，如果情况不妙，这些物品可能会被用来对付你。比画出“给予”和“接受”的动作，向他们索要物品作为交换，以建立信任。

8 称赞其食物

吃饱之后，一边揉肚子，一边微笑说：“真美味啊！把我都吃撑了！”如果他们提供的食物半生不熟，也不要直言抱怨。

9 不要调情

穴居人实行父系氏族制度，每个氏族由15到20个成员组成。成年后，男性继续留在本氏族，女性则通过寻找配偶迁至其他氏族生活。氏族成员大多已婚配，相处时应克己守礼，不要与之调情，以免招来祸端。

专业提示

不要携带宠物探访穴居人的部族。穴居人不驯养动物，带宠物前往相当于送羊入虎口。

如何抵御成群的蜜蜂和蝗虫

杀人蜂

1 快跑

一旦杀人蜂聚集成群，或有蜂群攻击你，快跑。逃跑时用衣服遮住眼睛和鼻子等敏感部位，但要确保仍能看清路线与方向。如有小孩在场，将他们抱起来带走。

2 不要试图拍死蜜蜂

你的举动会吸引蜜蜂围聚过来。被拍死或压碎的蜜蜂会散发出一种气味，引来更多的蜜蜂。拍打蜜蜂也会激怒对方，让其变得更具攻击性。

3 尽快进入室内

蜜蜂会跟着进入，但室内明亮的灯光和窗户会令其迷惑，从而无法准确追踪你。进入室内后，躲在厚毯子或床单下面，直到蜜蜂散去。

4 如果没有遮蔽物，就从灌木丛或高高的杂草丛中穿行逃跑

灌木丛和杂草丛可为你提供掩护，使蜜蜂更难追踪。

5 环境安全后，拔除蜂刺

蜜蜂蜇人后，蜂刺会留在皮肤内，并持续释放蜂毒长达10分钟之久，因此，不可对残留的毒刺置之不理。用指甲横向划拉过蜂刺，或用钝小刀或信用卡帮助拔出毒刺。不要捏紧蜂刺将其拔出，否则可能会将更多蜂毒释放进体内。

6 不要跳入游泳池或其他水体躲避

蜜蜂很可能围聚成群，在水面上盘旋不去，等着你露头。

专业提示

- 蜜蜂最常在春秋两季成群出没。在这两个季节，蜜蜂会成群活动，寻觅合适的地点，筑造新巢，蜂群也会整体迁移，在新巢安家，养育幼蜂，因此它们会通过蜇刺等方式保护蜂巢。
- 非过敏性体质的人每斤体重大约可承受十次蜜蜂蜇

刺——当然，会很痛苦。

- 液体洗洁精可以轻松杀死蜜蜂或令其失去行动能力。将洗洁精与水以1:10的比例兑成溶液，喷洒在蜜蜂身上即可令其无法动弹。
- 非洲化蜜蜂是普通家养蜜蜂的远亲，已在美国生活了几个世纪。曾有杂志报道几起非洲化蜜蜂蜇人致死的事件，人们便给它们起了个“杀人蜂”的绰号。一般认为，非洲化蜜蜂非常有“野性”，易被人和动物激怒，有可能变得极具攻击性。
- 蜂群天性会自发保卫蜂巢，但非洲化蜜蜂在这方面尤其斗志高昂。普通蜜蜂会将入侵者追逐出大约50米远，而非洲化蜜蜂的追击距离可三倍于此。这些蜜蜂可将人和动物蜇伤致死，它们甚至对蜜蜂蜇伤无过敏反应者也造成危险。最常见的情形是，人无法迅速逃离蜂群的袭击时，就会被蜇伤致死。动物也是由于同样的原因受伤或死亡——宠物和牲畜在遭遇蜜蜂攻击时由于被拴住或圈养，根本无法逃脱。

蝗虫成灾

蝗虫通常是独居的沙漠昆虫，可能几十年间都不会聚集成群。但当气候环境和繁殖条件适宜时，它们便会集群迁徙，聚集数量多达数十亿之多，并一路扫荡掠食，所经之处，绿色植被全无。沙漠蝗灾可持续数年，导致大规模饥荒。如预计蝗灾将至，可采取以下步骤应对。

1 蝗虫出没时间

蝗虫不会在夜间集群活动。蝗群通常在日出后几小时，气温变暖后开始活跃，而后速度渐慢，最终在日落时分降落休息。蝗群每天可飞行160千米。

2 观察天空

从远处看，蝗群像从地平线上飘来的乌云，可能会被误认为是雨云。

3 察看风向

蝗群几乎总是随风而行。

4 避开谷类作物和绿色植被

蝗群会蚕食途经的所有植物。蝗虫喜欢吃草和谷类作物（小麦、水稻、高粱），其次是水果和蔬菜。它们降落到这些农作物上，短短几分钟即可把它们吃个精光。远离这些作物生长的区域。

5 保护脸部

虽然蝗虫不会蜇咬人类，且其活动往往倾向于避开人类和动物，但由于数量过于庞大，它们很可能会落到人的身上。蝗灾发生时遮天蔽日，每平方千米可能有3亿只蝗虫，而蝗群的面积可蔓延数十或数百平方千米。最大的危险是眼睛受伤或呼吸受阻，寻找避难所的同时要保护好眼睛和呼吸道。

6 寻找掩体

如有，转移到建筑物内或躲进汽车里。蝗虫不会刻意追寻跟踪，如偶有闯入，也属无意。

7 等待蝗群离去

将可食用的植被啃食干净后，蝗群就会继续前进。

专业提示

- 蝗虫是沙漠昆虫，通常出现在非洲、中东和印度等地区的沙漠中。1988年，一群蝗虫在10天内从西非迁飞到加勒比海，行程超过4800千米，最终因气候潮湿和蝗群疫病蔓延而消失。
- 蝗虫是极好的蛋白质来源。有关食用技巧及营养信息，请参阅“如何安全食用昆虫和啮齿动物”，第127页。

保护好脸部，躲在车辆或建筑物内
等待蝗群过境。如可能，等到夜间
蝗虫休息后再出行

如何抵御敌对部族

出于窃取物资、劫持人质或抢占有利的地理位置等目的，敌人可能会攻击或潜入你的部族。需提前做好应对准备。

- **选在易守难攻之地扎营**

理想的营地应选在地势高处，易于防守。为防其他部族偷袭，营寨应视野开阔，可全方位监控敌情（最好能看到地平线，但离地平线至少1000米~2000米远），比如将营地建在山顶，可俯瞰各路入侵者。

- **加固营地，防御进攻，同时利于反制敌人**

高筑城墙、深挖壕沟、宽掘护城河，或三者兼备，保护营地。将出入口限制在两个以内，严格管控人员进出。敌对部族很可能烧毁营地逼迫你就范，因此要做好应对火攻的准备（详见下文）。

- **保持二十四小时警戒**

敌人最有可能借着黑暗的掩护发起进攻——通常

是在黎明前的几个小时。应派驻哨兵轮岗，每四小时一换，保持高度警惕。

- **防备火攻**

敌对部族很可能在接近大门和城墙之前，利用火焰箭、投石机（长柄石弩）和其他远距离武器，投射火器焚烧你方营地。准备大量的水和毯子，用以扑灭、闷熄火焰，防止火势失控。如可能，将非战斗人员转移至营地围墙内坚固的避难所或掩体中。妥善保护己方的石油、汽油和丙烷等燃料。

- **远程反制**

不惜一切代价阻止敌人靠近，避免近距离徒手搏斗。可使用长弓或其他武器远程攻击敌人。

- **切断补给，压制敌人**

部族战争如同军队出兵，生死取决于补给线。长时间牵制敌人，消耗其枪支弹药，并攻击援军，切断对方补给。待其武器耗尽，则奋起反击。

- **擒捉俘虏**

其他部族的成员可以作为有用的谈判筹码，因此可以用俘虏进行妥协谈和或交换己方战俘。善待俘虏。

专业提示

假设敌对部族的首领具备战略眼光，则对方很可能不会展示徽章或其他直接暴露其领袖身份的标志。但你可通过观察其行为锁定目标，如那些鼓励或指挥他人作战的人，或戴着长角毛皮帽子的人。

如何识别间谍

- **提防新人**

老部族成员相互已建立起信任，并确立了对部族的价值。而新加入的成员则应先行试用，在此期间限制或严格控制他们接触重要的部族信息。

- **监控其行动**

配一名信得过的族人专门负责新人的活动，监视他们的一举一动。如发现新成员有绘制地图、勘查武器或食物储藏室，或者不时检查门是否上锁等可疑行为，都需提高警惕。

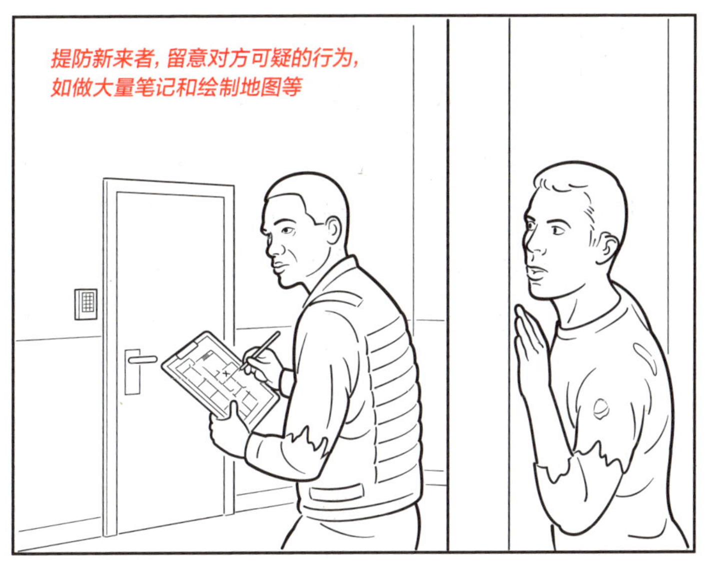

- **将新成员灌醉**

醉酒后，人的心理防线会松动，间谍嫌疑人可能会泄露真实的想法，如说出“当年我和后森林男孩一起跑的时候……”或者“抢劫是一门艺术活，跳出科学的条条框框”之类的话。

- **给可疑者透露重要信息，看这些信息是否被传递给敌对部族**

例如，“无意间”说漏嘴周四会清理护城河，观察届时是否有敌来犯。不要真的抽干护城河的水。

- **向对方提问，找出对方的生活时间线**

潜伏者无法解释在其他部族时的行踪，只能编造谎言应对。设法向对方提各种问题，揪出言语间的漏洞，让对方露出马脚。例如，如果他们说“我那时是个农民”，就问“500克小麦和500克高粱哪个更重？”

指导专家

凯斯·阿布尼，加州州立理工大学哲学系讲师，伦理+新兴科学小组成员，主要围绕太空殖民、机器人及其他新兴科技开展伦理研究。

阿梅什·阿达尔贾，医学博士，约翰斯·霍普金斯大学健康安全中心高级研究员，主要研究新兴传染病、大流行病防备和生物安全。

马塞尔·阿尔滕伯格，曾在德国步兵及特种步兵部队服役十多年，并担任坦克部队指挥官。现为英国曼彻斯特城市大学人群聚集的安全与风险分析项目的负责人。

格雷琴·贝内迪克斯，博士，美国陨石学会会员，美国亚利桑那州图森市行星科学研究所高级科学家，主要研究太阳系、小行星、彗星和陨石坑的演变。2006年，国际编号为6579的小行星以她的名字重新命名为Bendix。

贝蒂·伯纳，博士，语言学家，北伊利诺伊大学教授，讲授语言学及认知科学课程。她创作了大量关于语义、语篇和语用的学术文章，并出版了相关著作。

索尼娅·博尔格（云游女侠），全职旅行作家，博主，曾游历42个国家，探访59处联合国教科文组织确定的世界文化遗产。

鲍勃·博尔东，国际公认的协商、调解、对话以及促进与建立共识方面的专家，在哈佛大学法学院创立了指导协商与调解的实践项目。

亚历克斯·鲍曼，曾在美国海军服役11年，担任F/A–18E/F超级大黄蜂战斗机教官飞行员。

约翰·埃德加·布朗宁，博士，萨凡纳艺术与设计学院文科教授，也是国际公认的吸血鬼、怪物和神秘学专家。

基思·克雷斯曼，联合国粮食及农业组织蝗灾预测高级官员，34年来一直为50多个国家提供蝗灾预报和预警服务。他还建立及革新了其他跨境害虫的预警系统，包括对草地贪夜蛾和象鼻虫的预警。

克里斯·戴维斯，医学博士、工商管理学硕士，科罗拉多大学医学院急救与救援医学系副教授，擅长在偏远和极端环境中提供医疗服务。

朱迪思·多纳斯，博士，作家、设计师和艺术家，主要研究技术与社会的共同发展,著有《社会机器：为在线生活设计》（*The Social Machine:Designs for Living Online*）。

凡妮莎·德鲁斯卡特，博士，新罕布什尔大学彼得T.保罗商学与经济学院组织行为学副教授，她主要研究群体动力学、人类的归属需求以及团队情商。

天体撞击地球效应研究项目组，帝国理工学院的天体研究项目小组，负责演算小行星撞击对地球的预期破坏力。

安娜·费根鲍姆，博士，英国伯恩茅斯大学数字故事首席学者，著有《催泪瓦斯：从一战战场到今日街头》（*Tear Gas: From the Battlefields of World War I to the Streets of Today*）。

亚当·费特曼，博士，休斯敦大学心理学系助理教授，人格、情感和社会认知实验室主任。

埃里卡·费舍尔，博士，工艺工程师，俄勒冈州立大学结构工程专业助理教授，主要研究受火灾、地震等自然和人为灾害影响的结构系统。

约瑟夫·弗雷德里克森，博士，古脊椎动物学家，威斯康星大学威斯地球科学博物馆馆长，其研究重点为脊椎动物的古生态学及个体发生学。

乔希·高尔特，英国恩图维根公司创始人。该公司致力于通过添加昆虫蛋白，改善植物性饮食的营养。

戴维·多·古德，生存园艺家，著有11本园艺书籍，包括《万物皆可堆肥》（*Compost Everything*）、《佛罗里达：园艺如此简单》（*Totally Crazy Easy Florida Gardening*）等，以及两本园艺惊险小说：《翻转的大地》（*Turned Earth*）和《园艺热》（*Garden Heat*）。

拉里·霍尔，“生存公寓计划（The Survival Condo）”系列豪华掩体的首席执行官和开发者。曾是许多民防机构的承包商，十多年来一直在建造和翻新避难所。

凯瑟琳·霍拜特，苏格兰圣安德鲁斯大学灵长类动物学家，心理学和神经科学学院野生思维实验室首席研究员，主要研究非洲野生类人猿交流方式及社会行为的演变。

布伦达·霍尔德，临床草药学家，克里人传统植物医学知识的传承人。

戴维·霍尔德，美国著名的户外运动家，曾在英国军队服役二十年，并在加拿大落基山脉向英国和加拿大军队传授生存战术。现在是一名荒野向导、生存节目顾问、大学讲师和野外急救指导员。

胡安·霍里洛，博士，得克萨斯农工大学工程学院海洋工程专业副教授，开发了用于海啸计算和研究的数值模拟工具。

安德鲁·卡拉姆，保健物理学家，获得认证的辐射防护专家，曾为国际原子能机构和国际刑警组织等提供咨询服务。著有《辐射与核恐怖主义》（*Radiological and Nuclear Terrorism*）。

克里斯蒂安·科贝尔，博士，奥地利维也纳大学地球撞击研究和行星地质学教授，维也纳大学岩石圈演化研究实验室主任,主要研究撞击坑和地球大灭绝浩劫。国际编号为15963的小行星以他的名字命名，这颗小行星直径44千米，但不会撞击地球。

埃里克·拉森，极地探险家、探险向导和教育家，他走遍了世界上最偏远、环境最极端的地区，是南北极探险次数最多的美国人。他曾在365天内完成了创世界纪录的南极、北极探险和珠穆朗玛峰登顶探险。

帕特里克·林，博士，加州州立理工大学哲学系教授，伦理+新兴科学小组主任。他撰写了很多有关人工智能、机器人、自动驾驶、网络安全、生物工程和纳米技术的专业文章。

维尼·明奇洛，一位来自得克萨斯州的赛车手、广告人、打字机收藏家，也是喜剧小说《饶了我吧》（*Spare Me*）的作者。

迈克尔·波兰，黄石火山观测站的首席科学家，美国地质勘探局的地球物理学家。

罗尔夫·夸姆，博士，古人类学家，纽约州立大学宾汉姆顿分校人类学系教授兼系主任、进化研究项目主任。他重点研究穴居人的听觉和语言能力。

戴维·雷克霍，博士，马萨诸塞大学阿默斯特分校土木与环境工程学教授，研究饮用水的水质与加工处理办法，目标是减轻供水的化学污染。

理查德·莱茵哈特，探险家、作家，从事岩洞探险50年，著有《科罗拉多岩洞》（*Colorado Caves*）和《第八大奇迹：格伦伍德洞穴和古仙女洞的故事》（*Eighth Wonder: The Story of Glenwood Caverns and the Historic Fairy Caves*）。

克莱门斯·伦普夫、休·刘易斯和**彼得·阿特金森**，学术文章《小行星的撞击效应及其对人类的直接危害》（*Asteroid Impact Effects and Their Immediate Hazards for Human Populations*）的作者，该文公开发表于《地球物理研究通讯》（*Geophysical Research Letters*）第44卷第8期（2017年4月28日）。

让·马克·萨洛蒂，学术文章《在另一个星球上生存的定居者的最低人数》（*Minimum Number of Settlers for Survival on Another Planet*）的作者，该文公开发表于《科学报告》（*Scientific Reports*）第10期，文章编号9700（2020年）。

安德斯·桑德伯格，博士，牛津大学马丁学院人类未来研究所研究员，主要围绕与人类增强技术和新技术相关的社会和伦理问题开展研究工作。

劳里·桑托斯，博士，耶鲁大学的认知科学家和心理学教授。2018年，她开设了一门“幸福课”——心理学与美好生活（*Psychology and The Good Life*），该课程成为耶鲁大学历史上最受欢迎的课程。

马丁·西格特，冰川学家，爱丁堡皇家学会会员，帝国理工学院地球科学教授，格兰瑟姆气候变化与环境研究所联席主任。他运用地球物理学测量南极洲冰川盖下的地形地貌。

卡梅隆·M·史密斯，学术文章《多代星际航行中可生存基因种群的估算：海伯利安计划回顾与数据》（*Estimation of a Genetically Viable Population for Multigenerational Interstellar Voyaging: Review and Data for Project Hyperion*）的作者。该文发表于《宇航学报》（*Acta Astronautica*）期刊第97卷（2014年4月—5月）：第16页~29页。

西蒙·史密斯，博士、化学家，曾为工业、医疗保健、军事、应急响应等应用领域研发个人防护设备。

温迪·斯托瓦尔，黄石火山观测站副主管，也是美国地质勘探局火山灾害项目的火山学家。

门诺·塔斯，曾接受专业训练成为经济学家，担任首席财务官已有三十年。

马特·托马斯，专门研究应急及救灾无线电通信系统。

乔纳森·汤姆金，伊利诺伊大学厄巴纳–香槟分校地球、社会与环境学院的副主任和博士后。

美国国家环境保护局，美国联邦政府的一个独立行政机构，主要负责维护自然环境和保护人类健康不受环境危害影响。

美国国会图书馆，世界上最大的图书馆，也是全球最重要的图书馆之一。

美国国家公园管理局，主要负责美国境内的国家公园、国家历史遗迹、历史公园等自然及历史遗产保护。

斯科特·韦尔伯恩，弗吉尼亚州双橡园共识社区成员，该社区倡导实行平等主义、长期主义、女性主义理念，发展成果由社区成员共享。

戴维·惠灵顿，作家，著有《怪物岛》（*Monster Island*）、《美丽新世界》（*Positive*）和《僵尸史诗》（*a Zombie Epic*）。

珍妮弗·韦德，博士，普林斯顿大学公共和国际事务学院国际关系与国际政治学科教授，兼任“成功社会创新”项目主管，研究重点是机构改革的政治经济学、政府行政问责机制和公共服务响应。

马克·亚克斯勒，战略资产保护公司（Strategic Wealth Preservation）的总经理。战略资产保护公司是一家国际贵金属交易经销商和安全储存提供商，总部位于开曼群岛。